U0067643

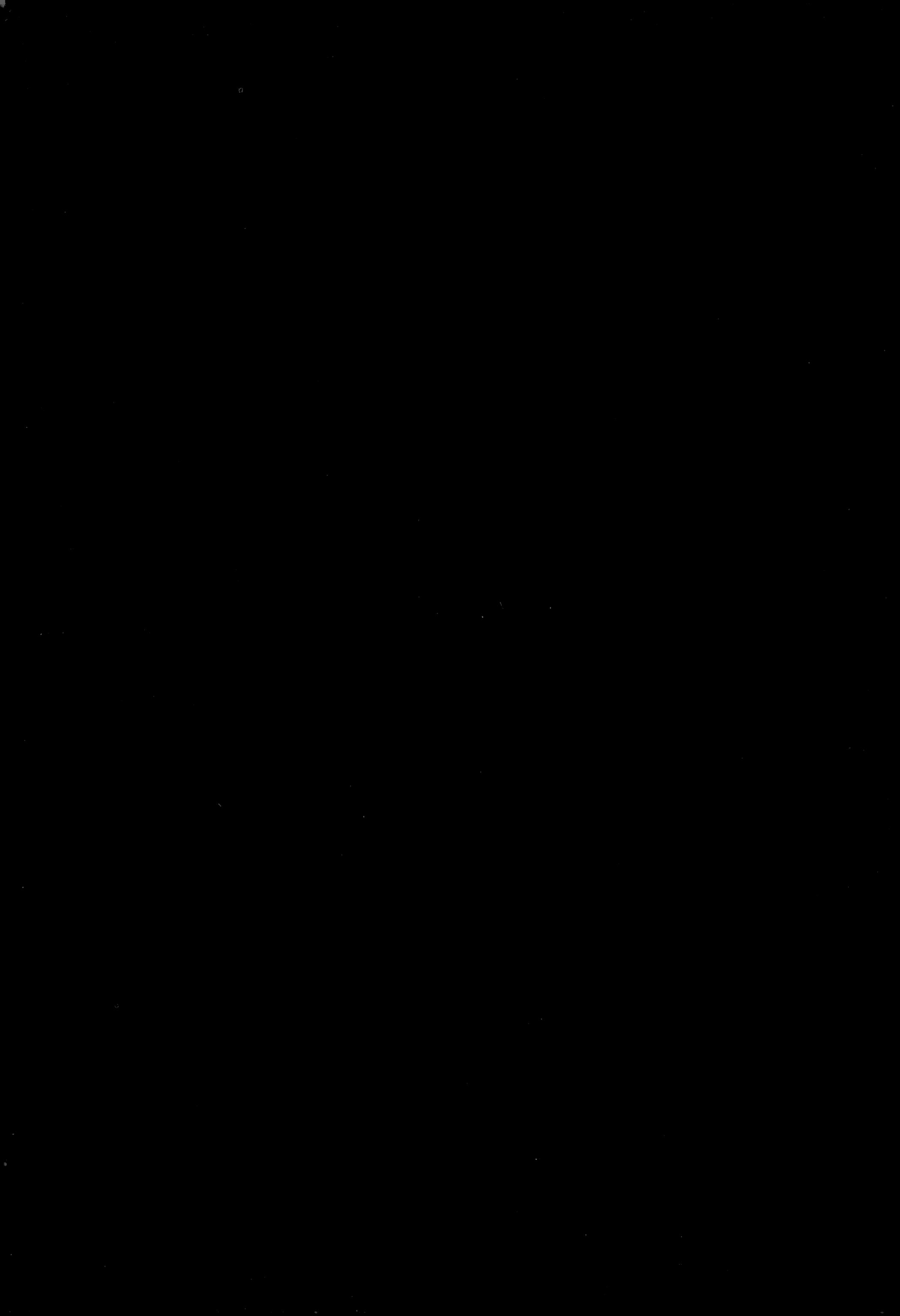

咖啡教科書

EASY COOK

C o n t e n t s

最熱賣創意冰咖啡
Iced Coffee 48

41 皇家義式冰咖啡
Iced Italian Coffee Brandy

42 義式冰淇淋咖啡
Espresso Con Gellato

43 亞瑪雷多冰咖啡
Iced Amaretto Coffee

44 維也納冰咖啡
Iced Vienna Coffee

45 香草天空冰咖啡
Iced Vanilla Coffee

46 提拉米蘇冰咖啡
Iced Tiramisu Coffee

47 蘿絲貝瑞冰咖啡
Iced Raspberry Coffee

48 冰卡布基諾咖啡
Iced Cappuccino

49 橘香冰咖啡
Iced Triple Sec Coffee

50 冰拿鐵咖啡
Iced Café Latte

51 義式摩卡冰咖啡
Iced Café Mocha

52 諾曼地冰咖啡
Iced Spiced Apple Coffee

53 干邑白蘭地咖啡凍飲
Brandy Frappe

54 焦糖瑪琪朵冰咖啡
Iced Caramel Latte Macchiato

55 墨西哥香可可冰咖啡
Iced Mexican Cocoa Coffee

56 草莓巧克力咖啡凍飲
Strawberry & Chocolate Frappe

57 愛爾蘭可可咖啡凍飲
Irish & Chocolate Frappe

58 薄巧摩卡冰咖啡
Iced Chocolate-Mint Coffee

59 巧妃摩卡冰咖啡
Iced Toffee Coffee

60 黑騎士摩卡冰咖啡
Iced Dark Chocolate Coffee

61 法式香草冰咖啡
Iced French Vanilla Coffee

62 棕櫚椰風冰咖啡
Iced Coconut Coffee

63 南洋椰風咖啡凍飲
Coconut Frappe

64 焦糖咖啡凍飲
Caramel Frappe

65 貝里詩冰咖啡
Iced Baileys Coffee

66 乳香煉乳冰咖啡
Iced Condensed Milk Coffee

67 卡嚕哇摩卡凍飲
Kahlua Mocha Frappe

68 香蕉巧克力咖啡凍飲
Banana & Chocolate Frappe

69 綠抹茶冰咖啡
Iced Japan Matcha Coffee

70 喬治冰咖啡
Iced Ginger Coffee

71 蒙布朗奇諾冰咖啡
Iced Mont Blanccino

72 杏福摩卡冰咖啡
Iced Amaretto Café Mocha

73 沖繩黑糖冰咖啡
Iced Brown Sugar Coffee

74 特調冰咖啡 DVD
Iced Special Blended Coffee

75 玫瑰情懷冰咖啡
Iced Rose & Vanilla Coffee

76 香榭冰咖啡
Iced Cointreau Coffee

77 漂浮冰咖啡 DVD
Iced Float Coffee

78 法式歐蕾冰咖啡
Iced French Café Au Lait

79 白色戀人冰咖啡
Iced White Chocolate Coffee

80 榛藏巧克力冰咖啡
Iced Hazelnut & Chocolate Coffee

咖啡拉花、手繪完整步驟 Latte Art 81

DVD 內更多的拉花影音示範

咖啡的美味靈魂---咖啡豆 Coffee Beans 101

咖啡的美味搭配---鮮奶油、鬆餅、奶酪 Coffee Mates 108

滴滴皆黑金---咖啡的萃取 Extract 113

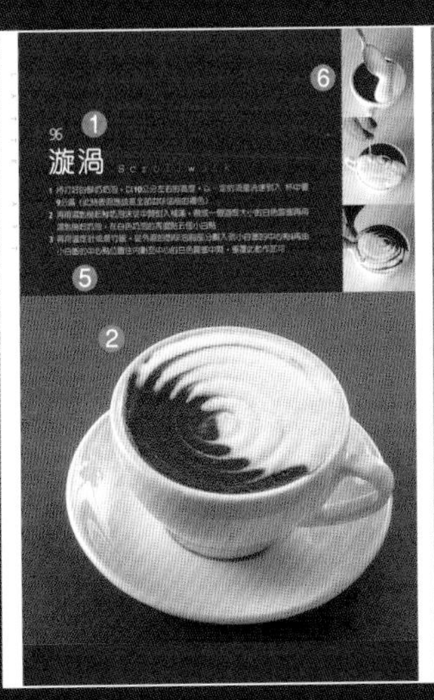

❶ 咖啡的中英文名稱

❷ 咖啡成品圖

❸ 材料名稱與份量：清楚標示製作份量，讓您一目瞭然

❹ 製作份量

❺ 做法：按照順序製作出一杯香醇美味的咖啡

❻ 步驟：完整而詳細的步驟圖，讓您不失敗

計量工具

盎司杯/吧叉匙/雪克杯

盎司杯：用以計算液體材料用量之器具（1OZ為1盎司，約為30CC）

吧叉匙：調製飲料時，用以混合材料所用的長柄匙，一頭為叉子，一頭為湯匙（約37cm）

雪克杯：專為混合冰飲材料所準備之器具（規格以700CC以上較為適宜）

玻璃杯：在製作冰咖啡時測量冰塊用（詳細內容請見以下測量冰塊部分）

量杯：量取精準水量，才能沖泡出美味咖啡（約500CC）

咖啡量匙：量取奶精粉及咖啡粉的器具，須耐高溫（一平匙約7～8g）

玻璃杯/量杯/咖啡匙/盎司杯

測量冰塊

書中使用的冰塊以「杯」為單位，因此製作不同的冰咖啡或咖啡冰沙，冰塊量的換算會稍有差異，請依配方中所標示的容量來挑選適當的玻璃杯使用。例如：53頁的堤拉米蘇冰咖啡是360cc，請以容量360cc的玻璃杯裝取八分滿的冰塊，就能夠精準又方便的製作出一杯美味的冰咖啡了。

液體容量換算

1OZ（盎司）＝30cc 1/2 OZ（盎司）＝15cc

超人氣經典熱咖啡
Hot Coffee

前言

談到台灣的咖啡市場，從早在二十多年前高單價時代，經過時代變遷及外商市場進入等因素，至今已變成全民飲料，使得咖啡變成我們生活中離不開也戒不掉的飲品。而近期咖啡市場更進入了「便利咖啡」的時代，只要一通電話就能將香醇的咖啡隨心所欲帶到你所在的位置，這也讓咖啡更加的普及，也讓喝咖啡享受生活不再遙不可及。

而近些年來，在許多著名的風景區不難看到行動咖啡車的影子，不需要其他多餘的裝潢，只要將這些生財工具（磨豆機、義式咖啡機等器具）安裝上車，搭配著這大自然的好山好景，與現烤點心（鬆餅）或是奶酪，悠閒的在大自然懷抱享受愜意的時光，這是再好不過的選擇。

隨著咖啡文化的普及，也讓人們對咖啡的品質更為要求，其實，想要來一杯具有品質高品質的咖啡並不難，把握住本書所叮嚀的幾項原則，畢竟讓您更加了解咖啡。

拿鐵咖啡 Café Latte 01

230cc

濃縮咖啡	1OZ
糖水	1/2OZ
鮮奶	5OZ
奶泡	少許

1. 以盎司杯量取冰鮮奶及糖水加入發泡鋼杯中
2. 利用咖啡機蒸氣管加熱並發泡鮮奶至約65℃倒入杯中（家用以微波爐加熱鮮奶，倒入牛奶調理器中發泡）
3. 取5OZ尖嘴鋼杯盛裝濃縮咖啡，取吧叉匙之背面沿杯壁緩緩注入杯中
4. 鋪上適量奶泡即可

210cc	
濃縮咖啡	1OZ
糖水	1/3OZ
鮮奶	4OZ
奶泡	滿杯
檸檬皮絲、肉桂粉或可可粉	少許

1. 溫好咖啡杯後盛裝一份濃縮咖啡（或用摩卡壺取得濃縮咖啡）
2. 以盎司杯量取冰鮮奶及糖水加入發泡鋼杯中
3. 利用咖啡機蒸氣管加熱並發泡鮮奶至約65˚C倒入杯中（家用以微波爐加熱鮮奶，再倒入牛奶調理器中發泡）
4. 鋪上滿杯奶泡，灑上少許檸檬皮絲、肉桂粉裝飾即可

02 卡布基諾咖啡
Cappuccino

諾曼地咖啡 03

Spiced Apple Coffee

250cc	
濃縮咖啡	1OZ
蘋果白蘭地酒	1/2OZ
肉桂果露	1/4OZ
熱鮮奶	七分滿
奶泡	滿杯
肉桂棒	一支

1 溫好咖啡杯後盛裝一份濃縮咖啡（或用摩卡壺取得濃縮咖啡）

2 以盎司杯量取蘋果白蘭地酒及肉桂果露倒入杯中

3 將鮮奶倒入發泡鋼杯中，利用咖啡機蒸氣管加熱並發泡鮮奶至約65°C倒入杯中（家用以微波爐加熱鮮奶，再倒入牛奶調理器發泡）

4 將發泡好的奶泡加至滿杯附上一支肉桂棒

300cc

濃縮咖啡	1又1/2OZ
墨西哥香可可粉	25g
鮮奶	6oz
奶泡	適量
可可粉	少許

1. 用兩份義式咖啡粉（14g）萃取出45cc濃縮咖啡（或用摩卡壺取得濃縮咖啡）倒入杯中
2. 把冰鮮奶和墨西哥香可可粉加入鋼杯中，利用咖啡機蒸氣管加熱約65°C（家用以微波爐加熱鮮奶，再加入墨西哥可可粉攪拌溶解）
3. 用湯杓將奶泡稍擋住，只倒出液體至杯中至9分滿
4. 鋪上一層奶泡，表面灑上可可粉裝飾

墨西哥香可可咖啡 04
Mexican Cocoa Coffee

薄巧摩卡咖啡 05
Chocolate-Mint Coffee

300cc

濃縮咖啡	1OZ
薄荷巧克力粉	20g
鮮奶	6OZ
發泡鮮奶油	適量
綠薄荷葉	一片

1 用一份義式咖啡粉（7g）萃取出30cc濃縮咖啡（或用摩卡壺取得濃縮咖啡）倒入杯中

2 把冰鮮奶和薄荷巧克力粉加入鋼杯中，利用咖啡機蒸氣管加熱（約65°C）

3 用湯杓將奶泡稍擋住，只倒出液體至杯中

4 擠上發泡鮮奶油，表面以薄荷葉及巧克力粉裝飾

120cc

濃縮咖啡 1OZ
奶泡 適量

1 溫好咖啡杯後盛裝一份濃縮咖啡（或用摩卡壺取得濃縮咖啡）

2 將鮮奶倒入發泡鋼杯中，利用咖啡機蒸氣管發泡鮮奶（家用以微波爐加熱鮮奶，再倒入牛奶調理器發泡）

3 將發泡好的奶泡加入杯中即可

義式瑪琪朵咖啡 06
Espresso Macchiato

巧妃摩卡咖啡 07

Toffee Coffee

300cc

濃縮咖啡	1OZ
巧妃卡布基諾粉	20g
鮮奶	6OZ
軟式發泡鮮奶油	適量
太妃糖粒	少許

1. 用一份義式咖啡粉（7g）萃取出30cc濃縮咖啡（或用摩卡壺取得濃縮咖啡）倒入杯中
2. 把冰鮮奶和巧妃卡布基諾粉加入鋼杯中，利用咖啡機蒸氣管加熱（約65℃）
3. 用湯杓將奶泡稍擋住，只倒出熱鮮奶至杯中
4. 鋪上發泡鮮奶油，表面灑上少許太妃糖裝飾即可

300cc	
濃縮咖啡	1OZ
椰風摩卡粉	18g
糖水	1/4OZ
鮮奶	200cc
發泡鮮奶油	適量
烤椰子絲	少許

1. 用一份義式咖啡粉（7g）萃取出30cc濃縮咖啡（或用摩卡壺取得濃縮咖啡）倒入杯中
2. 把冰鮮奶和椰風摩卡粉、糖水加入鋼杯中，利用咖啡機蒸氣管加熱溶解（約65˚C）
3. 用湯杓將奶泡稍擋住，只倒出液體至杯中
4. 擠上發泡鮮奶油，表面灑上椰子絲裝飾

棕梠椰風咖啡 08
Coconut Coffee

250cc	
濃縮咖啡	1OZ
愛爾蘭果露	1/3OZ
巧克力果露	1/3OZ
鮮奶	八分滿
軟式發泡鮮奶油	適量
巧克力粉	少許

1. 溫好咖啡杯後盛裝一份濃縮咖啡（或用摩卡壺取得濃縮咖啡）
2. 以盎司杯量取愛爾蘭果露及巧克力果露
3. 在發泡鋼杯內加入適量冰鮮奶，利用咖啡機蒸氣管加熱鮮奶至約65˚C後倒入杯中（家用以微波爐加熱）
4. 鋪上軟式發泡鮮奶油，再以篩網灑上巧克力粉裝飾

堤拉米蘇咖啡 09
Tiramisu Coffee

維也納咖啡 10

Vienna Coffee

250cc
曼特林咖啡 1杯
(參考塞風煮法)
發泡鮮奶油 適量
五彩巧克力米 少許
冰糖 一包

1. 溫好咖啡杯後盛裝七分滿熱咖啡
2. 擠上發泡鮮奶油
3. 灑上五彩巧克力米裝飾，最後附上一包冰糖即可

蘿絲貝瑞咖啡 11

Raspberry Coffee

250cc

濃縮咖啡	1OZ
覆盆子果露	1/3OZ
糖水	1/4OZ
鮮奶	八分滿
發泡鮮奶油	適量
覆盆子果露	少許

1 溫好咖啡杯後盛裝一份濃縮咖啡（或用摩卡壺取得濃縮咖啡）

2 以盎司杯量取覆盆子果露、糖水

3 將冰鮮奶倒入發泡鋼杯中利用咖啡機蒸氣管加熱鮮奶至約65°C後倒入杯中（家用以微波爐加熱）

4 擠上發泡鮮奶油，再淋上覆盆子果露裝飾

Brandy Italian Coffee

皇家義式咖啡 12

230cc

糖包	一包
濃縮咖啡	1OZ
白蘭地酒	1/2OZ
熱鮮奶	八分滿
發泡鮮奶油	適量

1. 溫好咖啡杯後盛裝一份濃縮咖啡
2. 量取白蘭地酒，放入一包糖於杯中
3. 將冰鮮奶加至發泡鋼杯中，利用咖啡機蒸氣管加熱鮮奶（約65℃）後倒入杯中（家用以微波爐加熱）
4. 擠上發泡鮮奶油，撒上糖粒裝飾

Triple Sec Coffee

橘香咖啡　13

230cc

濃縮咖啡	1OZ
橘皮果露	1/3OZ
熱鮮奶	八分滿
發泡鮮奶油	適量
柳橙皮切絲	少許

1. 溫好咖啡杯後盛裝一份濃縮咖啡(或用摩卡壺取得濃縮咖啡)
2. 以盎司杯量取橘皮果露倒入杯中
3. 將冰鮮奶加入發泡鋼杯中利用咖啡機蒸氣管加熱鮮奶約65°C後倒入杯中(家用以微波爐加熱)
4. 擠上發泡鮮奶油，以柳橙絲裝飾

250cc

濃縮咖啡	1OZ
杏桃甜酒果露	1/3OZ
熱鮮奶	八分滿
發泡鮮奶油	適量
杏仁片	少許

1 溫好咖啡杯後盛裝一份濃縮咖啡（或用摩卡壺取得濃縮咖啡）

2 以盎司杯量取杏桃甜酒果露

3 將冰鮮奶倒入發泡鋼杯中利用咖啡機蒸氣管加熱鮮奶至65°C後倒入杯中（家用以微波爐加熱）

4 擠上發泡鮮奶油，灑上杏仁片即可

亞瑪雷多咖啡 14

Amaretto Coffee

230cc
濃縮咖啡 1OZ
香草飲品粉 1又1/3匙
(約18g)
鮮奶 4OZ
發泡鮮奶油 適量
香草飲品粉 少許
白巧克力片 少許

1. 溫好咖啡杯後盛裝一份濃縮咖啡（或用摩卡壺取得濃縮咖啡）
2. 以盎司杯量取冰鮮奶及適量香草飲品粉加入發泡鋼杯中
3. 利用咖啡機蒸氣管加熱鮮奶並溶解拌勻（約65˚C）倒入杯中（家用以微波爐加熱鮮奶）
4. 擠上發泡鮮奶油，灑上少許香草飲品粉即可

香草天空咖啡 15
Vanilla Coffee

150cc

濃縮咖啡	1OZ
巧克力果露	1/3OZ
糖水	1/4OZ
鮮奶	3OZ
發泡鮮奶油	適量
巧克力醬	少許

1 溫好咖啡杯後盛裝一份濃縮咖啡（或用摩卡壺取得濃縮咖啡）

2 以盎司杯量取巧克力果露倒入濃縮咖啡中

3 將鮮奶倒入發泡鋼杯中，利用咖啡機蒸氣管加熱鮮奶約65°C倒入杯中（家用以微波爐加熱鮮奶）

4 擠上發泡鮮奶油，淋上巧克力醬裝飾即可

咖啡摩卡 16
Café Mocha

300cc

濃縮咖啡	1OZ
黑巧克力飲品粉	20g
糖水	1/4OZ
鮮奶	200cc
奶泡	適量
巧克力醬	少許

1 用一份義式咖啡粉(7g)萃取出30cc濃縮咖啡(或用摩卡壺取得濃縮咖啡)

2 把冰鮮奶、糖水和黑巧克力飲品粉加入鋼杯中，利用咖啡機蒸氣管加熱並溶解拌勻(約65°C)

3 用湯杓將奶泡稍擋住，只倒出液體至杯中9分滿

4 鋪上一層奶泡，表面淋上巧克力醬裝飾

黑騎士摩卡咖啡 17

Dark Chocolate Coffee

法式香草咖啡 18
French Vanilla Coffee

300cc

濃縮咖啡	1OZ
香草飲品粉	20g
糖水	1/4OZ
鮮奶	200cc
發泡鮮奶油	適量
煉乳	少許

1. 用一份義式咖啡粉（7g）萃取出30cc濃縮咖啡（或用摩卡壺取得濃縮咖啡）
2. 把冰鮮奶、糖水和香草飲品粉加入鋼杯中，利用咖啡機蒸氣管加熱並溶解拌勻（約65°C）
3. 用湯杓將奶泡稍擋住，只倒出熱鮮奶至杯中
4. 擠上發泡鮮奶油，表面淋上煉乳裝飾

日式抹茶咖啡 19

Japan Matcha Coffee

300cc

濃縮咖啡	1OZ
綠抹茶粉	15g
糖水	1/4OZ
鮮奶	4OZ
發泡鮮奶油	適量
抹茶粉	少許

1. 用一份義式咖啡粉（7g）萃取出30cc濃縮咖啡待用（或用摩卡壺取得濃縮咖啡）
2. 鋼杯中加入鮮奶、糖水與綠抹茶粉，加熱到約65°C
3. 將鋼杯中熱鮮奶與奶泡一起倒入杯中
4. 濃縮咖啡注入正中間處
5. 加入一匙奶泡，劃花裝飾

20
玫瑰情懷咖啡
Rose & Vanilla Coffee

300cc

濃縮咖啡	1OZ	鮮奶	200cc
玫瑰果露	2/3OZ	發泡鮮奶油	適量
香草飲品粉	20g	玫瑰花	少許

1. 用一份義式咖啡粉（7g）萃取出30cc濃縮咖啡（或用摩卡壺取得濃縮咖啡）
2. 把鮮奶和香草飲品粉加入鋼杯中，利用咖啡機蒸氣管加熱並溶解拌勻（約65°C）
3. 用湯杓將奶泡稍擋住，只倒出液體至杯中再加入玫瑰果露攪拌均勻
4. 將濃縮咖啡沿著吧叉匙之背面順杯壁緩緩注入分層
5. 擠上發泡鮮奶油，表面用玫瑰花裝飾

21
白色戀人咖啡
White Chocolate Coffee

250cc

濃縮咖啡	1OZ	發泡鮮奶油	適量
鮮奶	5OZ	白巧克力片	少許
白巧克力果露	2/3OZ		

1. 溫好咖啡杯後盛裝一份濃縮咖啡（或用摩卡壺取得濃縮咖啡）
2. 發泡鋼杯中加入冰鮮奶，以盎司杯量取白巧克力果露，用咖啡機蒸氣管加熱至65°C（家用以微波爐加熱）
3. 擠上發泡鮮奶油，灑上白巧克力裝飾即可

300cc	
濃縮咖啡	1OZ
奶油酒	2/3OZ
糖水	1/3OZ
鮮奶	6OZ
軟式鮮奶油	適量

1. 取一份義式咖啡粉（7g）煮出30cc的濃縮咖啡（或用摩卡壺取得濃縮咖啡）
2. 於鋼杯中加入奶油酒、鮮奶加熱到約65°C
3. 溫好玻璃杯後，倒入濃縮咖啡與糖水攪拌
4. 將鋼杯中材料緩緩注入
5. 鋪上軟式鮮奶油以咖啡豆裝飾即可

貝里詩咖啡 22
Baileys Coffee

杏福摩卡咖啡 23
Amaretto Café Mocha

300cc

濃縮咖啡	1OZ
杏桃甜酒果露	1/2OZ
摩卡飲品粉	20g
糖水	1/4OZ
熱鮮奶	6OZ
發泡鮮奶油	適量
杏仁脆片	少許

1 用一份義式咖啡粉（7g）萃取出30cc濃縮咖啡待用（或用摩卡壺取得濃縮咖啡）

2 把鮮奶和摩卡飲品粉、糖水加入鋼杯中，利用咖啡機蒸氣管加熱並溶解拌勻（約65℃）

3 杯中加入杏桃甜酒果露，用湯杓將奶泡稍擋住，只倒出液體至杯中拌勻

4 以吧叉匙匙背緩緩注入咖啡

5 舀上發泡鮮奶油，表面灑上杏仁脆片裝飾

300cc	
濃縮咖啡	1OZ
煉乳	2OZ
熱鮮奶	6OZ
煉乳	少許

1. 用一份義式咖啡粉（7g）萃取出30cc濃縮咖啡（或用摩卡壺取得濃縮咖啡）
2. 把鮮奶和煉乳加入鋼杯中，利用咖啡機蒸氣管加熱（約65°C）
3. 用湯杓將奶泡稍擋住，只倒出液體至杯中
4. 於表面淋上煉乳劃花裝飾裝飾

乳香煉乳咖啡 24

Condensed Milk Coffee

喬治咖啡 25
Ginger Coffee

300cc

濃縮咖啡	1OZ	發泡鮮奶油	適量
黑糖薑母汁	1又1/2OZ	薑粉	少許
熱鮮奶	6OZ		

1. 用一份義式咖啡粉（7g）萃取出30cc濃縮咖啡待用（或用摩卡壺取得濃縮咖啡）
2. 把鮮奶和黑糖薑母汁加入鋼杯中，利用咖啡機蒸氣管加熱（約65℃）
3. 用湯杓將奶泡稍擋住，只倒出液體至杯中
4. 以吧叉匙匙背緩緩注入濃縮咖啡分層
5. 擠上發泡鮮奶油，表面灑上少許薑粉裝飾

26
義式濃縮咖啡
Espresso

30cc
義式咖啡粉　7g

用一份義式咖啡粉（7g）萃取出30cc濃縮咖啡
（或用摩卡壺取得濃縮咖啡

180cc

過濾水	180cc
咖啡粉	9公克
冰糖	10公克

1. 將材料放入壺中，把壺拿著到火源處以小火煮開
2. 當煮沸時，鍋內的咖啡快要溢出壺時，迅速將它從火源處移開
3. 並攪拌壺中咖啡，好讓咖啡粉與水充分混合，再回到火源處加熱
4. 只要再次沸騰時，再度離開火源但不攪拌，當第三次表面已滾燙起泡，小心地把壺移開火源
5. 把溫熱過的咖啡杯準備好，倒入現煮好熱咖啡即可。傳統的土耳其咖啡在飲用時絕不添加鮮奶或奶精飲用

27 中東占卜咖啡

Middle Easté Presage Coffee

愛爾蘭咖啡 28
Irish Coffee

250cc

熱咖啡	1又1/2杯
愛爾蘭威士忌酒	1OZ
冰糖	一包
發泡鮮奶油	滿杯

1. 選用深烘焙咖啡豆（如：曼特林、炭燒、肯亞AA咖啡）
2. 使用塞風器具萃取出1又1/2杯黑咖啡（請參考塞風壺萃取法）
3. 在愛爾蘭咖啡專用杯中加入冰糖、愛爾蘭威士忌酒放置於專用熱酒架上進行溫酒，並在過程中持續轉動玻璃杯直到杯內冰糖溶化
4. 將黑咖啡倒入溫好的咖啡杯內
5. 擠上發泡鮮奶油

250cc	
熱咖啡	1杯
愛爾蘭奶油酒	1OZ
果糖	1/2OZ
發泡鮮奶油	滿杯
白巧克力片	少許

1 選用深烘焙咖啡豆（如：曼特林、炭燒、有機尼加拉瓜咖啡）

2 使用塞風器具萃取出1杯黑咖啡（請參考塞風壺萃取法）

3 在溫好的咖啡杯中加入果糖、愛爾蘭奶油酒及黑咖啡，進行攪拌

4 擠上發泡鮮奶油以白巧克力片裝飾

奶香咖啡 29

Baileys Mandheling Coffee

180cc

熱咖啡	八分滿
方糖	一塊
白蘭地酒	1/3OZ
奶油球	一顆

1 選用淺烘焙咖啡豆（如：巴西、哥倫比亞、摩卡，有機秘魯等咖啡）

2 使用塞風器具萃取出黑咖啡（請參考塞風用煮法）

3 將黑咖啡倒入溫好的咖啡杯內

4 皇家咖啡專用湯匙內放入方糖及白蘭地酒，置於杯口

5 點燃湯匙內的酒燃燒（飲用時亦可加入液態奶油球）

皇家火焰咖啡 30
Royal Coffee

卡嚕哇咖啡 Kahlua Coffee 31

180cc

熱咖啡	八分滿
咖啡香甜酒	1/2OZ
發泡鮮奶油	滿杯
咖啡豆	2～3顆

1 選用淺烘焙咖啡豆（如：有機哥斯大黎加、哥倫比亞、摩卡等咖啡）

2 使用塞風器具萃取出黑咖啡（請參考塞風用煮法）

3 將黑咖啡倒入溫好的咖啡杯內

4 擠上發泡鮮奶油及淋上咖啡香甜酒

5 輕放咖啡豆裝飾

香榭咖啡 Élysées Coffee 32

180cc

熱咖啡	八分滿
君度橙香甜酒	2/3OZ
發泡鮮奶油	滿杯
柳橙皮切絲	少許

1. 選用淺烘焙咖啡豆（如：巴西、哥倫比亞、摩卡等咖啡）
2. 使用塞風器具萃取出黑咖啡（請參考塞風用煮法）
3. 使用土耳其壺（或用塞風壺下壺）放入君度橙香甜酒、柳橙絲加熱煮沸，直到酒色成黃色即可
4. 溫好咖啡杯中倒入咖啡及加熱後的君度橙香甜酒
5. 最後擠上發泡鮮奶油，以柳橙皮切絲裝飾

豆奶咖啡 33
Soy Bean Milk Coffee

230cc

濃縮咖啡	1OZ
低糖豆漿	150cc
香草果露	2/3OZ
奶泡	少許

1. 用一份義式咖啡粉（7g）萃取出30cc濃縮咖啡
2. 於鋼杯中加入豆奶、香草果露，用咖啡機蒸氣管加熱至65°C（家用微波爐加熱）
3. 依序將熱豆奶、濃縮咖啡倒入杯中
4. 將奶泡倒入裝飾即可

蒙布朗奇諾咖啡　34

Mont Blanccino

230cc	
濃縮咖啡	1OZ
鮮奶	4OZ
栗子香草果露	1/3OZ
奶泡	滿杯
焦糖醬	少許

1 用一份義式咖啡粉（7g）萃取出30cc濃縮咖啡（或用摩卡壺取得濃縮咖啡），以咖啡杯盛裝

2 發泡鋼杯中加入冰鮮奶，以盎司杯量取栗子香草果露，用咖啡機蒸氣管加熱並發泡至65℃（家用微波爐加熱後倒入牛奶調理器中發泡）

3 於咖啡表面覆蓋奶泡

4 表面淋上焦裝飾醬裝飾即可

焦糖瑪琪雅朵咖啡 35

Caramel Latte Macchiato

230cc	
濃縮咖啡	1OZ
鮮奶	4OZ
香草果露	1/3OZ
奶泡	適量
焦糖醬	適量

1. 用一份義式咖啡粉（7g）萃取出30cc濃縮咖啡（或用摩卡壺取得濃縮咖啡）
2. 於鋼杯中入熱鮮奶，用咖啡機蒸氣管加熱產生奶泡
3. 以大湯匙盛裝奶泡覆蓋於咖啡表面，擠上焦糖醬即可

康寶蘭咖啡 36
Espresso Con Panna

120cc
濃縮咖啡　1OZ
發泡鮮奶油　適量

1. 用一份義式咖啡粉（7g）萃取出30cc濃縮咖啡（或用摩卡壺取得濃縮咖啡）倒入杯中
2. 於咖啡表面擠上發泡鮮奶油裝飾即可

230cc

濃縮咖啡	1OZ
黑糖	2匙
鮮奶	200cc
軟式鮮奶油	適量
黑糖粉	少許

1. 用一份義式咖啡粉（7g）萃取出30cc濃縮咖啡（或用摩卡壺取得濃縮咖啡）
2. 於鋼杯中入鮮奶、黑糖，用咖啡機蒸氣管加熱至65℃（家用以微波爐加熱）
3. 將熱鮮奶倒入杯中後再緩緩注入濃縮咖啡
4. 舀上軟式發泡鮮奶油，於表面灑上黑糖粉裝飾即可

沖繩黑糖咖啡 37

Brown Sugar Coffee

Cointreau Coffee

香橙微醺咖啡　38

200cc
選用淺烘焙咖啡豆

咖啡豆	2匙（15g）
糖水	1/4OZ
君度橙香甜酒	2/3OZ
發泡鮮奶油	適量
柳橙皮絲	少許

1. 取冰咖啡豆研磨中粗三號粗細度
2. 將咖啡粉放入濾杯中（沖法請參考濾杯式）萃取出150cc咖啡液
3. 以盎司杯量取君度橙香甜酒、糖水和切好的柳橙絲一起加熱（加熱至酒成黃色即可）
4. 把酒與咖啡一起倒入溫好的咖啡杯中
5. 擠上發泡鮮奶油、灑上少許柳橙絲即可

300cc
選用深烘焙咖啡豆

咖啡豆	1又1/2匙
(12g)	
熱鮮奶	4OZ
糖包	1包

1 取冰咖啡豆研磨粗5號粗細度，將粉放入溫好的濾壓壺中

2 緩緩注入90°C的熱水，水量約150cc，將上濾網放入壺中，浸泡3至4分鐘，萃取出120cc熱咖啡

3 將熱咖啡及熱鮮奶倒入溫好的咖啡杯中

4 附上一包冰糖即可

法式歐蕾咖啡 39
French Café Au Lait

250cc	
濃縮咖啡	1OZ
鮮奶	4OZ
榛果果露	1/2OZ
黑巧克力粉	1匙
發泡鮮奶油	適量
榛果碎丁	少許

1. 溫好咖啡杯後盛裝一份濃縮咖啡（或用摩卡壺取得濃縮咖啡）
2. 以盎司杯量取榛果果露倒入杯中
3. 發泡鋼杯中加入冰鮮奶，用咖啡機蒸氣管加熱至65℃（家用以微波爐加熱）
4. 擠上發泡鮮奶油，灑上榛果碎丁裝飾即可

榛藏巧克力咖啡 40

Hazelnut & Chocolate Coffee

最熱賣創意冰咖啡

Iced Coffee

皇家義式冰咖啡 41

Iced Italian Coffee Brandy

360cc	
濃縮咖啡	1又1/2OZ
白蘭地酒	1/2OZ
糖水	2/3OZ
冰鮮奶	4OZ
冰塊	八分滿
發泡鮮奶油	適量
糖珠	適量

1. 取兩份義式咖啡粉(14g)煮出45cc的濃縮咖啡，再隔冰塊冷卻待用
2. 以盎司杯量取白蘭地酒、糖水、濃縮咖啡及冰鮮奶倒入玻璃杯中攪拌均勻
3. 加冰塊於杯中加至八分滿
4. 擠上發泡鮮奶油，以糖珠裝飾

200cc

濃縮咖啡	1OZ
香草冰淇淋	1球

1. 用一份義式咖啡粉（7g）萃取出30cc濃縮咖啡
2. 使用12號挖球器取一球香草冰淇淋於杯中，將煮好的濃縮咖啡淋在冰淇淋表面上即可

42 義式冰淇淋咖啡
Espresso Con Gellato

亞瑪雷多冰咖啡 43
Iced Amaretto Coffee

360cc

濃縮咖啡	1又1/2OZ
杏桃甜酒果露	2/3OZ
糖水	1/3OZ
冰鮮奶	5OZ
冰塊	八分滿
發泡鮮奶油	適量
杏仁片	少許

1. 取兩份義式咖啡粉（14g）煮出45cc的濃縮咖啡，再隔冰塊冷卻待用
2. 以盎司杯量取杏桃甜酒果露、糖水、濃縮咖啡倒入玻璃杯中攪拌均勻
3. 加冰塊至杯中八分滿，以吧叉匙匙背緩緩注入鮮奶
4. 擠上發泡鮮奶油，再灑上杏仁片裝飾

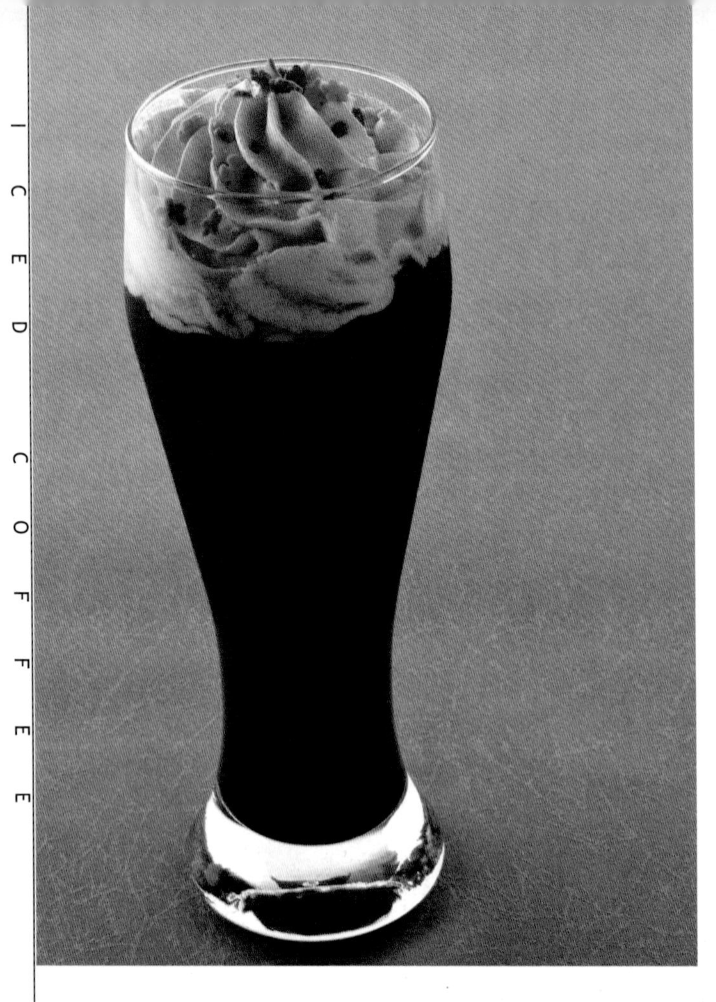

44
維也納冰咖啡
Iced Vienna Coffee

360cc

曼特林咖啡	4OZ	冰塊	八分滿
（參考濾杯式沖法）		發泡鮮奶油	適量
糖水 2/3OZ		五彩巧克力米	少許

1 將沖好的曼特林咖啡，隔冰水冷卻待用

2 玻璃杯中加入曼特林咖啡及糖水攪拌均勻

3 加冰塊至八分滿

4 擠上發泡鮮奶油

5 灑上五彩巧克力米裝飾即可

香草天空冰咖啡
Iced Vanilla Coffee

360cc

濃縮咖啡	1又1/2OZ	糖水	2/3OZ
奶精粉	1又1/2匙	生飲水	3OZ
	（約15g）	冰塊	八分滿
香草飲品粉	1又1/2匙	發泡鮮奶油	適量
	（約18g）	香草飲品粉	適量

1 取兩份義式咖啡粉（14g）煮出45cc的濃縮咖啡，再隔冰塊冷卻待用

2 將濃縮咖啡與糖水攪拌均勻，再加入半杯冰塊

3 尖嘴鋼杯中加入奶精粉、香草飲品粉，利用咖啡機蒸氣管加溫鮮奶至約40°C溶解，並隔冰冷卻後倒入杯中（家用微波爐加溫溶解）

4 擠上發泡鮮奶油及少許香草飲品粉裝飾

45

堤拉米蘇冰咖啡 46
Iced Tiramisu Coffee

360cc

濃縮咖啡	1又1/2OZ
愛爾蘭果露	1/2OZ
巧克力果露	1/2OZ
冰鮮奶	5OZ
冰塊	八分滿
軟式發泡鮮奶油	適量
巧克力粉	少許

1. 取兩份義式咖啡粉（14g）煮出45cc的濃縮咖啡（或用摩卡壺取得濃縮咖啡）
2. 於玻璃杯中加入冰鮮奶、愛爾蘭果露及巧克力果露攪拌均勻
3. 加冰塊至八分滿，再緩緩注入濃縮咖啡
4. 鋪上軟式發泡鮮奶油，再以篩網灑上巧克力粉裝飾

蘿絲貝瑞冰咖啡 47
Iced Raspberry Coffee

360cc

濃縮咖啡	1又1/2OZ
覆盆子果露	2/3OZ
紅石榴果露	少許
糖水	1/3OZ
冰塊	八分滿
鮮奶	4OZ
軟式發泡鮮奶油	適量
覆盆子果露	少許

1. 取兩份義式咖啡粉（14g）煮出45cc的濃縮咖啡，再隔冰塊冷卻待用
2. 以盎司杯量取覆盆子果露、紅石榴果露、糖水及冰鮮奶於倒入玻璃杯中攪拌均勻
3. 加冰塊於杯中至八分滿，再緩緩注入濃縮咖啡分層
4. 鋪上軟式發泡鮮奶油，再淋上覆盆子果露裝飾

360cc	
冰塊	1/2杯
濃縮咖啡	1又1/2OZ
糖水	1/2OZ
冰鮮奶	4OZ
奶泡	滿杯
檸檬皮絲、肉桂粉或可可粉	少許

1. 取兩份義式咖啡粉（14g）煮出45cc的濃縮咖啡，再隔冰塊冷卻待用
2. 發泡鋼杯中加入適量冰鮮奶，利用咖啡機蒸氣管發泡鮮奶待用（家用以牛奶調理器發泡；參考牛奶調理器應用）
3. 雪克杯中盛裝半杯冰塊，以盎司杯取糖水、冰鮮奶及濃縮咖啡倒入杯中，搖盪均勻
4. 取玻璃杯中盛裝半杯冰塊，將雪克杯中材料過濾緩緩倒入杯內
5. 發泡好的奶泡加至滿杯，灑上少許檸檬皮絲、肉桂粉即可

48 冰卡布基諾咖啡

Iced Cappuccino

橘香冰咖啡 49

Iced Triple Sec Coffee

360cc

濃縮咖啡 1又1/2OZ
橘皮果露 2/3OZ
糖水 1/3OZ
冰鮮奶 4OZ
發泡鮮奶油 適量
柳橙皮切絲 少許

1 取兩份義式咖啡粉（14g）煮出45cc的濃縮咖啡，再隔冰塊冷卻待用

2 以盎司杯量取橘皮果露、糖水、及冰鮮奶倒入玻璃杯中攪拌均勻

3 加冰塊於杯中至八分滿，再緩緩注入冰濃縮咖啡分層

4 擠上發泡鮮奶油，再灑上柳橙皮切絲裝飾

360cc

冰塊	八分滿
濃縮咖啡	1又1/2OZ
糖水	2/3OZ
冰鮮奶	5OZ

1. 取兩份義式咖啡粉（14g）煮出45cc的濃縮咖啡，再隔冰塊冷卻待用
2. 玻璃杯中加糖水和冰鮮奶攪拌均勻
3. 加入冰塊至八分滿
4. 濃縮咖啡用吧叉匙之背面沿杯壁緩緩倒入分層即可

50 冰拿鐵咖啡
Iced Café Latte

義式摩卡冰咖啡 51
Iced Café Mocha

360cc

冰塊	1/2杯	冰鮮奶	4OZ
濃縮咖啡	1又1/2OZ	軟式鮮奶油	適量
巧克力果露	1/2OZ	巧克力醬	少許

1 取兩份義式咖啡粉（14g）煮出45cc的濃縮咖啡（或用摩卡壺取得濃縮咖啡），再隔冰塊冷卻待用

2 雪克杯中盛裝半杯冰塊，以盎司杯取巧克力果露、冰鮮奶，再將濃縮咖啡倒入杯底中，搖盪均勻

3 移開雪克杯上杯蓋，取玻璃杯加入半杯冰塊後，再將 雪克杯中咖啡過濾倒入杯內

4 鋪上軟式鮮奶油，淋上少許巧克力醬裝飾即可

52 諾曼地冰咖啡

Iced Spiced Apple Coffee

360cc

濃縮咖啡	1OZ	冰塊	八分滿
蘋果白蘭地酒	2/3OZ	奶泡	適量
肉桂果露	1/3OZ	肉桂棒	一支
冰鮮奶	5OZ		

1. 用一份義式咖啡粉（7g）萃取出30cc濃縮咖啡（或用摩卡壺取得濃縮咖啡），再隔冰塊冷卻待用
2. 以盎司杯量取蘋果白蘭地酒、濃縮咖啡、冰鮮奶及肉桂果露倒入杯中攪拌均勻
3. 加入冰塊至八分滿
4. 取發泡好的奶泡加至滿杯附上一支肉桂棒

53 干邑白蘭地咖啡凍飲

Brandy Frappe

500cc

冰塊	250g	香草飲品粉	25g
鮮奶	120cc	天然綿凍粉	1吧叉匙（3g）
濃縮咖啡	1OZ	原味寒天晶球	適量
白蘭地酒	1OZ		
糖水	1/2OZ		

1. 用一份義式咖啡粉（7g）萃取出30cc濃縮咖啡（或用摩卡壺取得濃縮咖啡）（隔冰水冷卻待用）
2. 取冰塊、鮮奶、濃縮咖啡、白蘭地酒、香草飲品粉、天然綿凍粉依序放入高速攪拌機中，充份混合直到攪拌均勻
3. 將攪拌槽內材料倒入玻璃杯中，放入原味寒天晶球
4. 淋上白蘭地酒即可

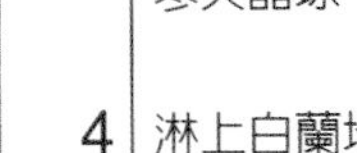

54
焦糖瑪琪朵冰咖啡
Iced Caramel Latte Macchiato

360cc

冰塊	1/2杯
濃縮咖啡	1又1/2OZ
香草果露	2/3OZ
冰鮮奶	5OZ
奶泡	少許
焦糖醬	少許

1. 取兩份義式咖啡粉(14g)煮出45cc的濃縮咖啡，再隔冰塊冷卻待用
2. 將鮮奶倒入發泡鋼杯中，利用咖啡機蒸氣管發泡鮮奶(家用冰鮮奶，倒入牛奶調理器發泡)
3. 玻璃杯中加香草果露、冰濃縮咖啡和冰鮮奶攪拌均勻
4. 加入冰塊至八分滿
5. 鋪上適量奶泡，淋上焦糖醬裝飾

55 墨西哥香可可冰咖啡

Iced Mexican Cocoa Coffee

360cc

濃縮咖啡	1又1/2OZ
墨西哥香可可粉	1又1/2匙(20g)
鮮奶	5OZ
糖水	1/3OZ
冰塊	八分滿
發泡鮮奶油	適量
墨西哥可可粉	少許

1. 用一份義式咖啡粉(7g)萃取出30cc濃縮咖啡，再隔冰塊冷卻待用
2. 把冰鮮奶和薄荷巧克力粉加入鋼杯中，利用咖啡機蒸氣管加溫溶解(約40°C)
3. 玻璃杯加入冰塊至八分滿，將鋼杯中材料與咖啡倒入
4. 擠上發泡鮮奶油，撒上墨西哥可可粉裝飾

56 草莓巧克力咖啡凍飲

Strawberry & Chocolate Frappe

500cc	
冰塊	250g
鮮奶	120cc
濃縮咖啡	1OZ
黑巧克力粉	20g
草莓果露	1OZ
發泡鮮奶油	適量
草莓	1顆
天然綿凍粉	1吧叉匙(3g)
原味寒天晶球	適量

1. 用一份義式咖啡粉(7g)萃取出30cc濃縮咖啡(或用摩卡壺取得濃縮咖啡)(隔水冷卻待用)
2. 取冰塊、鮮奶、濃縮咖啡、黑巧克力粉、草莓果露、天然綿凍粉放入高速攪拌機中，充份混合直到攪拌均匀
3. 將攪拌槽内材料倒入玻璃杯中
4. 擠上發泡鮮奶油，加入少許寒天晶球，擺放一顆草莓裝飾即可

57 愛爾蘭可可凍飲

Irish & Chocolate Frappe

500cc	
冰塊	250g
鮮奶	120cc
濃縮咖啡	1OZ
卡布基諾粉	15g
愛爾蘭煉乳果露	1OZ
天然綿凍粉	1吧叉匙(3g)
發泡鮮奶油	適量
可可粉	少許
楓糖寒天晶球	適量

1. 用一份義式咖啡粉(7g)萃取出30cc濃縮咖啡(或用摩卡壺取得濃縮咖啡)(隔冰水冷卻待用)
2. 取冰塊、鮮奶、濃縮咖啡、卡布基諾粉、愛爾蘭煉乳果露、天然綿凍粉放入高速攪拌機中，充份混合直到攪拌均匀
3. 將楓糖寒天晶球放入玻璃杯中，再將攪拌槽内材料倒入
4. 擠上發泡鮮奶油，灑上少許可可粉裝飾即可

薄巧摩卡冰咖啡 58
Iced Chocolate-Mint Coffee

360cc

濃縮咖啡	1OZ
薄荷巧克力粉	1又1/2匙（20g）
鮮奶	5OZ
發泡鮮奶油	適量
綠薄荷葉	一片
天然綿凍粉	1吧叉匙（3g）

1. 用一份義式咖啡粉（7g）萃取出30cc濃縮咖啡（或用摩卡壺取得濃縮咖啡）（隔冰水冷卻待用）
2. 取冰塊、鮮奶、濃縮咖啡、椰風摩卡粉、天然綿凍粉依序放入高速攪拌機中，充份混合直到攪拌均勻
3. 將攪拌槽內材料倒入
4. 擠上發泡鮮奶油，灑上少許巧克力粉，以薄荷葉裝飾即可

巧妃摩卡冰咖啡 59

Iced Toffee Coffee

360cc

濃縮咖啡	1OZ
巧妃摩卡粉	1又1/2匙 (20g)
糖水	1/4OZ
鮮奶	5OZ
發泡鮮奶油	適量
太妃糖粒	少許
可可粉	少許

1. 用一份義式咖啡粉（7g）萃取出30cc濃縮咖啡，再隔冰塊冷卻待用
2. 把冰鮮奶和巧妃摩卡粉加入鋼杯中，利用咖啡機蒸氣管加溫溶解（約40°C），再隔冰冷卻待用
3. 玻璃杯加入冰塊至八分滿，將鋼杯中材料與咖啡倒入
4. 擠上發泡鮮奶油，表面灑上少許太妃糖和可可粉裝飾即可

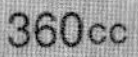

60
黑騎士摩卡冰咖啡
Iced Dark Chocolate Coffee

360cc

濃縮咖啡	1又1/2OZ
黑巧克力粉	20g
糖水	1/4OZ
鮮奶	5OZ
冰塊	八分滿
發泡鮮奶油	適量
巧克力片	適量

1. 用二份義式咖啡粉（14g）萃取出45cc濃縮咖啡，再隔冰塊冷卻待用
2. 把冰鮮奶、糖水和黑巧克力粉加入鋼杯中，利用咖啡機蒸氣管加熱溶解（約40℃），再隔冰塊冷卻待用
3. 玻璃杯加入冰塊至八分滿，將所有材料與咖啡倒入攪拌
4. 擠上發泡鮮奶油，表面加上巧克力片裝飾

61
法式香草冰咖啡
Iced French Vanilla Coffee

360cc

濃縮咖啡	1又1/2OZ
香草飲品粉	20g
糖水	1/4OZ
冰鮮奶	4OZ
冰塊	八分滿
軟式發泡鮮奶油	適量
煉乳	少許

1. 用二份義式咖啡粉（14g）萃取出45cc濃縮咖啡，再隔冰塊冷卻待用
2. 把冰鮮奶、糖水和香草飲品粉加入鋼杯中，利用咖啡機蒸氣管加溫溶解（約40℃），再隔冰塊冷卻待用
3. 用玻璃杯加入冰塊至八分滿，將鋼杯中材料與咖啡倒入攪拌
4. 鋪上軟式發泡鮮奶油，表面淋上煉乳裝飾

62 棕櫚椰風冰咖啡
Iced Coconut Coffee

360cc

濃縮咖啡	1又1/2OZ	冰塊	八分滿
椰風摩卡粉	18g	發泡鮮奶油	適量
糖水	1/3OZ	烤椰子絲	少許
鮮奶	5OZ		

1. 用兩份義式咖啡粉（14g）萃取出45cc濃縮咖啡，再隔冰塊冷卻待用
2. 把冰鮮奶和椰風摩卡粉加入鋼杯中，利用咖啡機蒸氣管加溫溶解（約40°C），再隔冰塊冷卻待用
3. 玻璃杯加入冰塊至八分滿，將所有材料與咖啡倒入攪拌
4. 擠上發泡鮮奶油，表面灑上少許椰子絲裝飾即可

500cc	
冰塊	250g
鮮奶	120cc
椰子果露	1OZ
濃縮咖啡	1OZ
椰風摩卡粉	25g
天然綿凍粉	1吧叉匙（3g）
楓糖寒天晶球	40g
發泡鮮奶油	適量
烤椰子絲	少許

1 用一份義式咖啡粉（7g）萃取出30cc濃縮咖啡（或用摩卡壺取得濃縮咖啡）（隔冰水冷卻待用）

2 取冰塊、鮮奶、濃縮咖啡、椰風摩卡粉、天然綿凍粉依序放入高速攪拌機中，充份混合直到攪拌均勻

3 玻璃杯中放入楓糖寒天晶球，將攪拌槽內材料倒入

4 擠上發泡鮮奶油，灑上少許椰子絲即可

南洋椰風咖啡凍飲 63

Coconut Frappe

凍飲和其他飲料有何不同？

凍飲的製作：利用專業飲料攪打機，混合原料以冰塊、冰沙粉、牛奶為主，在高速運轉的狀態下，製作出成品帶有80%以上的冰泥，口感為香濃滑順。

盛裝的器皿：需使用較厚重的玻璃杯，在製作成品前須將玻璃杯冷凍冰鎮，待成品製作攪打完成再裝入已冰凍的玻璃杯中，並於表面擠上發泡鮮奶油裝飾。

特色：製作迅速、口感滑順，可添加寒天晶球、椰果等食品，使飲品口感更為豐富。

焦糖咖啡凍飲 64
Caramel Frappe

500cc

冰塊	250g
鮮奶	120cc
濃縮咖啡	1OZ
焦糖果露	1/2OZ
巧妃摩卡粉	20g
天然綿凍粉1吧叉匙(3g)	
發泡鮮奶油	適量
太妃糖粒	少許
楓糖寒天晶球	適量

1. 用一份義式咖啡粉(7g)萃取出30cc濃縮咖啡(或用摩卡壺取得濃縮咖啡)(隔冰水冷卻待用)
2. 取冰塊、鮮奶、濃縮咖啡、巧妃摩卡粉、糖水、天然綿凍粉依序放入高速攪拌機中，充份混合直到攪拌均勻
3. 將攪拌槽內材料倒入裝有楓糖寒天晶球的玻璃杯中
4. 擠上發泡鮮奶油，灑上少許太妃糖粒即可

貝里詩冰咖啡
Iced Baileys Coffee

360cc

冰塊	1/2杯	奶油酒	1OZ
冰鮮奶	120cc	糖水	1/2OZ
濃縮咖啡	1又1/2OZ		

1. 取兩份義式咖啡粉（14g）煮出45cc的濃縮咖啡，再隔冰塊冷卻待用
2. 雪克杯中盛裝半杯冰塊，以盎司杯取奶油酒、糖水、鮮奶及咖啡倒入杯底中，搖盪均勻
3. 玻璃杯中盛裝半杯冰塊，將雪克杯中咖啡過濾倒入杯內
4. 擠上發泡鮮奶油，淋上少許奶油酒裝飾即可

乳香煉乳冰咖啡
Iced Condensed Milk Coffee

360cc

濃縮咖啡	1又1/2OZ	冰塊	八分滿
煉乳	2OZ	軟式發泡鮮奶油	適量
糖水	1/4OZ	煉乳	少許
鮮奶	4OZ		

1. 用兩份義式咖啡粉（14g）萃取出45cc濃縮咖啡，再隔冰塊冷卻待用
2. 將鮮奶、煉乳和糖水拌勻
3. 玻璃杯中盛裝滿杯冰塊，倒入步驟2的材料後再緩緩注入濃縮咖啡
4. 於表面鋪上軟式發泡鮮奶油及淋上煉乳裝飾

500cc	
冰塊	250g
鮮奶	120cc
濃縮咖啡	1OZ
卡嚕哇咖啡香甜酒	2/3OZ
摩卡飲品粉	25g
天然綿凍粉	1吧叉匙(3g)
餅乾捲	一支
原味寒天晶球	適量

1. 用一份義式咖啡粉(7g)萃取出30cc濃縮咖啡(或用摩卡壺取得濃縮咖啡)(隔冰水冷卻待用)
2. 取冰塊、鮮奶、濃縮咖啡、卡嚕哇咖啡香甜酒、摩卡飲品粉、天然綿凍粉依序放入高速攪拌機中,充份混合直到攪拌均匀
3. 將攪拌槽內材料倒入玻璃杯中,放入原味寒天晶球
4. 以餅乾捲裝飾即可

卡嚕哇摩卡凍飲 67

Kahlua Mocha Frappe

500cc

冰塊	250g
鮮奶	120cc
濃縮咖啡	1OZ
黑巧克力飲品粉	20g
香蕉果露	1OZ
發泡鮮奶油	適量
香蕉	1根
天然綿凍粉	1吧叉匙(3g)
原味寒天晶球	適量

1. 用一份義式咖啡粉（7g）萃取出30cc濃縮咖啡（或用摩卡壺取得濃縮咖啡）（隔冰水冷卻待用）
2. 取冰塊、鮮奶、濃縮咖啡、黑巧克力飲品粉、香蕉果露、天然綿凍粉放入高速攪拌機中，充份混合直到攪拌均勻
3. 放入原味寒天晶球，再將攪拌槽內材料倒入玻璃杯中
4. 擠上發泡鮮奶油，擺放切片香蕉裝飾即可

Banana & Chocolate Frappe

香蕉巧克力凍飲 68

360cc	
冰塊	滿杯
鮮奶	120cc
濃縮咖啡	1又1/2OZ
綠抹茶粉	12g
糖水	1/2OZ
發泡鮮奶油	適量
抹茶粉	少許

1. 取一份義式咖啡粉（7g）煮出30cc的濃縮咖啡，再隔冰塊冷卻待用
2. 鋼杯中加入鮮奶、糖水與綠抹茶粉，加溫到約40°C後攪拌均勻，並隔冰冷卻待用
3. 玻璃杯中盛裝滿杯冰塊，鋼杯中材料倒入杯內
4. 將濃縮咖啡沿著吧叉匙之背面順杯壁緩緩倒入分層
5. 擠上發泡鮮奶油，灑上抹茶粉裝飾即可

綠抹茶冰咖啡 69

Iced Japan Matcha Coffee

70 喬治冰咖啡
Iced Ginger Coffee

360cc

濃縮咖啡	1OZ	冰塊	八分滿
黑糖薑母汁	1又1/2OZ	軟式發泡鮮奶油	適量
鮮奶	4OZ	薑粉	少許

1. 用一份義式咖啡粉（7g）萃取出30cc濃縮咖啡，再隔冰塊冷卻待用
2. 把鮮奶和黑糖薑母汁加入鋼杯中，利用咖啡機蒸氣管加溫溶解（約40°C），並隔冰冷卻待用
3. 玻璃杯中盛裝滿杯冰塊，鋼杯中材料倒入杯內後再緩緩注入濃縮咖啡
4. 鋪上軟式發泡鮮奶油，表面灑上少許薑粉裝飾

71 蒙布朗奇諾冰咖啡
Iced Mont Blanccino

360cc

濃縮咖啡	1又1/2OZ
鮮奶	4OZ
栗子香草果露	2/3OZ
冰塊	八分滿
奶泡	滿杯
焦糖醬	少許

1. 取兩份義式咖啡粉（14g）煮出45cc的濃縮咖啡，再隔冰塊冷卻待用
2. 發泡鋼杯中加入適量冰鮮奶，利用咖啡機蒸氣管製作奶泡待用（家用以牛奶調理器製作冰奶泡待用）
3. 雪克杯中盛裝半杯冰塊，以盎司杯取栗子香草果露、冰鮮奶及濃縮咖啡倒入杯中，搖盪均勻
4. 玻璃杯中盛裝半杯冰塊，將雪克杯中咖啡過濾緩緩倒入杯內
5. 鋪上滿杯奶泡，表面淋上焦糖裝飾醬裝飾即可

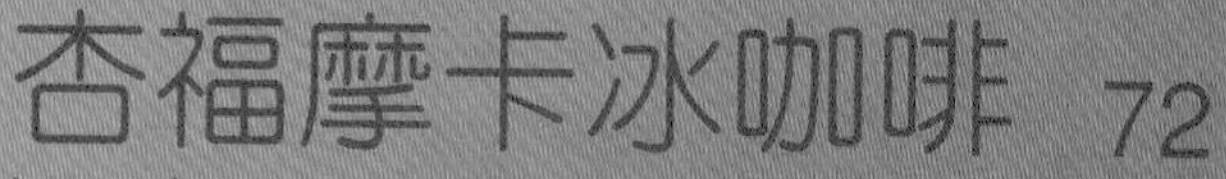

杏福摩卡冰咖啡 72
Iced Amaretto CaféMocha

360cc

濃縮咖啡	1OZ
杏桃甜酒果露	1/2OZ
摩卡飲品粉	20g
鮮奶	4OZ
糖水	1/4OZ
冰塊	八分滿
發泡鮮奶油	適量
杏仁脆片	少許

1. 用一份義式咖啡粉（7g）萃取出30cc濃縮咖啡，再隔冰塊冷卻待用
2. 把鮮奶、糖水和摩卡飲品粉加入鋼杯中，利用咖啡機蒸氣管加熱溶解（約40℃），並隔冰冷卻待用
3. 玻璃杯中盛裝半杯冰塊，將鋼杯中材料及咖啡倒入杯內並加入杏桃甜酒果露
4. 擠上發泡鮮奶油，表面灑上杏仁脆片裝飾

73

沖繩黑糖冰咖啡

Iced Brown Sugar Coffee

360cc

濃縮咖啡	1OZ	冰塊	八分滿
黑糖	2匙	發泡鮮奶油	適量
鮮奶	150cc	黑糖粉	少許

1. 用一份義式咖啡粉（7g）萃取出30cc濃縮咖啡，再隔冰塊冷卻待用
2. 於鋼杯中入鮮奶、黑糖，用咖啡機蒸氣管加溫溶解至40°C溶解（家用以微波爐加熱），並隔冰冷卻待用
3. 用玻璃杯中盛裝半杯冰塊，將鋼杯中材料倒入杯內後再緩緩注入濃縮咖啡
4. 擠上泡鮮奶油，於表面灑上黑糖粉裝飾即可

74

特調冰咖啡

Iced Special Blended Coffee

360cc

選用綜合深烘焙咖啡豆		糖水	2/3OZ
冰咖啡	2匙（15g）	冰塊	八分滿
奶精粉	2匙（20g）	發泡鮮奶油	適量

1. 取冰咖啡豆研磨較粗四號粗細度
2. 將咖啡粉放入濾杯中（沖法請參考濾杯式）萃取出120cc咖啡液
3. 加入奶精粉、糖水攪拌均勻
4. 倒入鋼杯中，隔冰冷卻待用
5. 玻璃中杯放冰塊至八分滿，倒入冰咖啡
6. 最後擠上發泡鮮奶油即可

360cc

濃縮咖啡	1又1/2OZ	冰鮮奶	4OZ
玫瑰果露	2/3OZ	發泡鮮奶油	適量
香草飲品粉	20g	玫瑰花	少許

1. 用兩份義式咖啡粉（14g）萃取出45cc濃縮咖啡，再隔冰塊冷卻待用
2. 把鮮奶和香草飲品粉加入鋼杯中，利用咖啡機蒸氣管加溫溶解（約40°C），並隔冰冷卻待用
3. 玻璃杯中盛裝半杯冰塊，將鋼杯中材料與玫瑰果露倒入杯中拌勻，以吧叉匙匙背緩緩倒入濃縮咖啡分層
4. 擠上發泡鮮奶油，表面用玫瑰花裝飾

75

玫瑰情懷冰咖啡

Iced Rose & Vanilla Coffee

76 香榭冰咖啡 Iced Cointreau Coffee

360cc

選用深烘焙咖啡豆		君度橙香甜酒	2/3OZ
咖啡豆	2匙（15g）	發泡鮮奶油	適量
糖水	1/2OZ	柳橙皮絲	少許

1. 取冰咖啡豆研磨粗四號粗細度
2. 將咖啡粉放入濾杯中（沖法請參考濾杯式）萃取出120cc咖啡液
3. 以盎司杯量取君度橙香甜酒、糖水和切好的柳橙絲一起加熱（加熱至酒成黃色即可）
4. 倒入鋼杯中，隔冰塊水冷卻，再倒入裝有八分滿冰塊的玻璃杯
5. 擠上發泡鮮奶油、放上少許柳橙絲即可

77 漂浮冰咖啡 Iced Float Coffee

360cc

選用綜合深烘焙咖啡豆		香草冰淇淋	1球
咖啡豆	2匙（15g）	發泡鮮奶油	適量
糖水	2/3OZ	五彩巧克力米	少許

1. 取冰咖啡豆研磨粗4號粗細度
2. 將咖啡粉放入濾杯中（沖法請參考濾杯式）萃取出120cc咖啡液
3. 熱咖啡倒入鋼杯中，隔冰塊水冷卻
4. 把冷咖啡倒入杯中加糖水攪拌，放入八分滿冰塊
5. 取一球香草冰淇淋於杯中
6. 擠上發泡鮮奶油、灑上少許五彩巧克力米即可

360cc
選用深烘焙咖啡豆

咖啡豆	1又1/2匙（12g）
冰鮮奶	4OZ
糖水	2/3OZ

1. 取冰咖啡豆研磨粗5號粗細度，將粉放入溫好的濾壓壺中
2. 緩緩注入90˚C的熱水，水量約150cc，將上濾網放入壺中，浸泡3至4分鐘，萃取出120cc熱咖啡
3. 將熱咖啡隔冰塊水冷卻待用
4. 杯中倒入冰咖啡及糖水攪拌均勻
5. 加入冰塊至八分滿，再緩緩倒入冰鮮奶分層即可

78
法式歐蕾冰咖啡
Iced French Café Au Lait

白色戀人冰咖啡 79
Iced White Chocolate Coffee

360cc

濃縮咖啡	1OZ	軟式發泡鮮奶油	適量
鮮奶	5OZ	白巧克力片	少許
白巧克力果露	2/3OZ		

1. 取一份義式咖啡粉（7g）煮出30cc的濃縮咖啡，再隔冰塊冷卻待用
2. 玻璃杯中加白巧克力果露和冰鮮奶攪拌均勻
3. 加入冰塊至八分滿
4. 濃縮咖啡用吧叉匙之背面沿杯壁緩緩倒入以分層
5. 舀上適量軟式鮮奶油在杯口內，灑上白巧克力片即可

80
榛藏巧克力冰咖啡
Iced Hazelnut & Chocolate Coffee

360cc

濃縮咖啡	1OZ
鮮奶	5OZ
榛果果露	2/3OZ
黑巧克力粉	1匙
軟式鮮奶油	適量
榛果碎丁	少許

1. 取一份義式咖啡粉（7g）煮出30cc的濃縮咖啡，再隔冰塊冷卻待用
2. 發泡鋼杯中加入適量冰鮮奶、黑巧克力粉，以盎司杯量取榛果果露，利用咖啡機蒸氣管加溫溶解（約40℃）（家用以微波爐加熱鮮奶），並隔冰冷卻待用
3. 玻璃杯中加入冰塊至八分滿，將鋼杯中材料倒入
4. 濃縮咖啡用吧叉匙之背面延杯壁緩緩倒入
5. 鋪上適量奶泡杯口內，灑上榛果碎丁即可

咖啡拉花、手繪完整步驟

Latte Art

製作綿細的牛奶泡

利用牛奶調理器

1 將鮮奶(冰：5℃以下熱：65～70℃)到入牛奶調理器1/3～1/2量

2 以隔水加熱方式將牛奶加熱至70℃

3 將牛奶調理器的拉桿做上下抽動約30秒

4 此時牛奶調理器裡的鮮奶奶泡量會比原來的量多1.5～2倍左右

5 若是製作冰咖啡使用的牛奶泡，以隔冰塊的方式讓牛奶保持低溫

雪平鍋
在使用牛奶調理器時，隔冰水或熱水，可讓鋼杯中鮮奶保持穩定溫度，較能夠打出完美的奶泡
溫度計
用來測量鋼杯中的液體（鮮奶）溫度
牛奶調理器
在沒有專業設備時，也能用此器具發泡出完美奶泡

利用義式濃縮咖啡機

1 將冰的鮮奶到入鋼杯約1/3～1/2量，放入溫度計

2 將蒸汽孔埋入液體表面下0.3～0.5公分左右，旋開蒸氣鈕，此時會聽到吱吱吱的聲音，並將溫度加熱至60～65℃，此時的鮮奶奶泡量會有8分至全滿的量

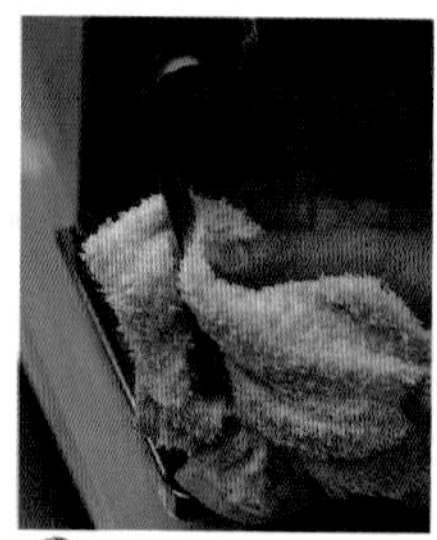

3 取下鋼杯，以溼布擦拭蒸汽管

4 再次排放蒸汽，避免蒸汽孔被牛奶堵塞

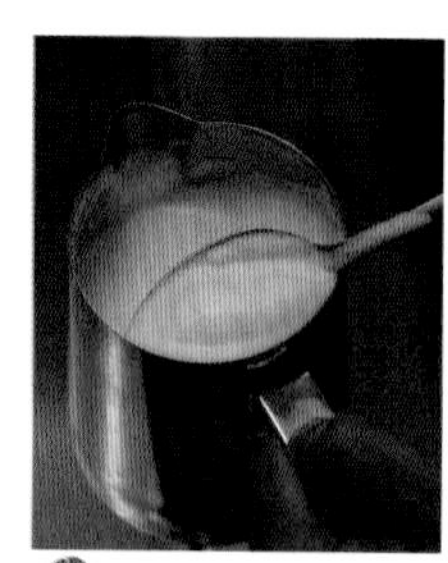

5 舀去表面粗糙的牛奶泡，即可使用

81
花 Flower

1 將打好的鮮奶奶泡，以10公分左右的高度，以一定的流量流速到入杯中置9分滿（此時表面應該是全部咖啡油脂的褐色）
2 再用湯匙撈起鮮奶泡沫從中間倒入補滿，做成適度大小的白色圓圈
3 用溫度計或竹籤從白色奶泡的中心點以畫橢圓的方式畫7個適當大小即可

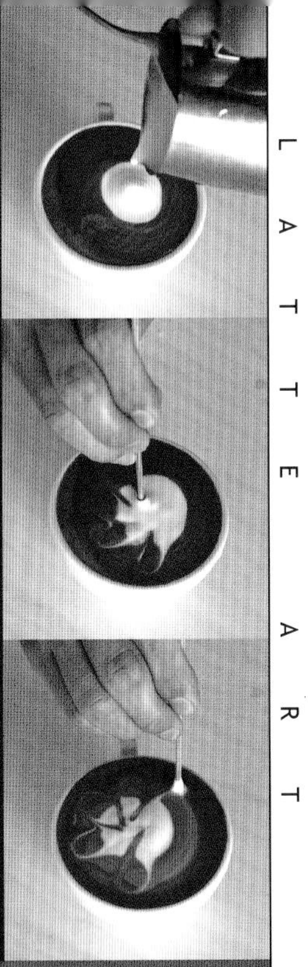

82
海星 Starfish

1 將打好的鮮奶奶泡，以10公分左右的高度，以一定的流量流速到入杯中置9分滿（此時表面應該是全部咖啡油脂的褐色）
2 以竹籤沾起鋼杯中的奶泡，至咖啡中心點向外劃弧度外線條

83

幸運草 Four-leaved Clover

1 將打好的鮮奶奶泡，以10公分左右的高度，以一定的流量流速到入杯中置9分滿（此時表面應該是全部咖啡油脂的褐色）
2 再用湯匙撈起鮮奶泡沫從中間倒入補滿，做成適度大小的白色圓圈
3 取對稱的兩點用溫度計或是竹籤從咖啡油脂的部份往內拉出線條至中心點重覆此動作一次，其中的一次需用溫度計或是竹籤先沾奶泡做出葉莖的線條

84 三葉 Three Leaves

1 將打好的鮮奶奶泡，以10公分左右的高度，以一定的流量流速倒入杯中至9分滿（此時表面應該是全部咖啡油脂的褐色）
2 再用湯匙撈起鮮奶泡沫，在表面上劃出適當大小的3條白色線條
3 用竹籤以S型的繞法由上往下或由下往上再從一端中間拉至另一端做出葉子的圖案即可

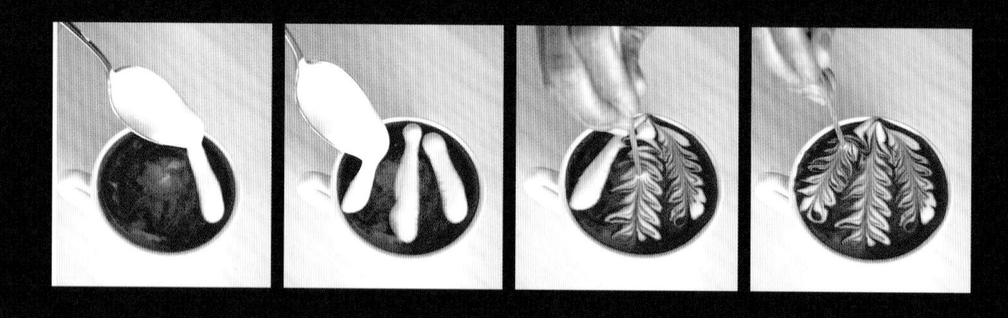

85
花心 Hearts & Five Leaves

1 將打好的鮮奶奶泡，以10公分左右的高度，以一定的流量流速到入杯中置9分滿（此時表面應該是全部咖啡油脂的褐色）
2 再用湯匙撈起鮮奶泡沫從中間倒入補滿，做成一個適度大小的白色圓圈再用湯匙撈起奶泡，在白色奶泡的周圍點五個小白點
3 再用溫度計或是竹籤，從外面的咖啡油脂部分劃入到小白圈的中心點再由小白圈的中心點位置往內劃至中心的白色圓圈中間，每劃一次，都要將溫度計棒擦拭，重覆此動作即可

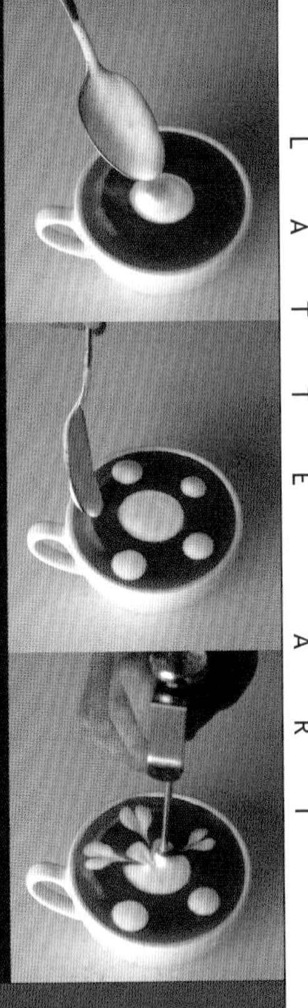

86
三心 Three Hearts

1 將打好的鮮奶奶泡，以10公分左右的高度，以一定的流量流速到入 杯中置9分滿（此時表面應該是全部咖啡油脂的褐色）
2 再用湯匙撈起鮮奶泡沫，在表面作出三個適當大小的圓
3 再用溫度計，從白色點上方往下拉至外，每劃一次就要擦一次

87 花輪 Wheeled Flower

1 將打好的鮮奶奶泡，以10公分左右的高度，以一定的流量流速到入杯中置9分滿（此時表面應該是全部咖啡油脂的褐色）
2 再用湯匙撈起鮮奶泡沫，在表面作出一個適當大小的圓
3 在平均選好9個點的位置大小，用溫度計或是竹籤由外往內分別拉至中心點（每劃一次就要擦拭乾淨），然後再用溫度計取兩者中間再往外劃出帶點半橢圓的弧度劃出即可，每劃一次就要擦拭一次

88 飛鏢 Dart

1 將打好的鮮奶奶泡，以10公分左右的高度，以一定的流量流速到入杯中置9分滿（此時表面應該是全部咖啡油脂的褐色）
2 再用湯匙撈起鮮奶泡沫從中間倒入補滿，做成適度大小的白色圓圈
3 用溫度計或是竹籤從中心點往上下左右（要對稱）拉出，然後再從兩個往外拉的中間往內拉出4條至中心點即可（每劃一次就要擦一次）

89 蝴蝶 Butterfly

1 將打好的鮮奶奶泡，以10公分左右的高度，以一定的流量流速到入杯中置9分滿（此時表面應該是全部咖啡油脂的褐色）
2 再用湯匙撈起鮮奶泡沫，在表面作出一個適當大小的圓
3 用溫度計或是竹籤從中間先撈起一些奶泡再從上方兩側分別拉出白色的線條，做成蝴蝶的觸鬚，再從白色圓的下方拉出兩條線條至白色圓的中心位置，此時會產生出蝴蝶的尾巴，再從白色的側邊拉出兩條（每劃一次就要擦一次）

90 葉形 Leaf

1 將打好的鮮奶奶泡，先撈掉過多的奶泡（因為是要直接做拉花的動作），將鮮奶以及奶泡先做攪拌，讓彼此融合均勻，再以10公分左右的高度，以適當的流速及流量注入杯中約5～6分滿時
2 將杯子傾斜再將鋼杯靠在杯緣，再將鮮奶奶泡倒出，一邊倒的同時鋼杯一邊左右搖晃將奶泡晃出花紋來，並且杯子邊回正，以避免鮮奶咖啡溢出
3 大約至9分滿時將鋼杯稍微拉高，再往前移動至對向白色奶泡邊緣的前方，做定點補滿兼收尾，做出尖端即可

※咖啡液可先篩入可可粉，讓拉花更明顯。

91 小白兔 Rabbit

1. 將打好的鮮奶奶泡，先撈掉過多的奶泡（因為是要直接做拉花的動作），將鮮奶以及奶泡先做攪拌，讓彼此融合均勻，再以10公分左右的高度，以適當的流速及流量注入杯中約5～6分滿時
2. 將杯子傾斜再將鋼杯靠在杯緣，再將鮮奶奶泡倒出，先做出愛心的部份（兔子的耳朵）然後在尖端尾巴在推出一個圓（兔子的臉）一邊倒的時候杯子邊回正（此時會有白色奶泡浮出表面），以避免鮮奶咖啡溢出，此時兔子的外型已經形成
3. 最後再用溫度計或是竹籤沾咖啡油脂劃出眼睛/鼻子/嘴巴/耳朵即可

92
小太陽 Sunshine

1 將打好的鮮奶奶泡，以10公分左右的高度，以一定的流量流速到入杯中置9分滿接近全滿的位置（此時表面應該是全部咖啡油脂的褐色）
2 再用溫度計或是竹籤前端沾上鋼杯裡的奶泡，再從離杯子的邊緣處約0.5cm處由外往內以半橢圓的方式拉至中心點（每劃一次就要用面紙擦拭乾淨），重複同樣的做法
3 最後在用溫度計或是竹籤沾奶泡，由中心點往下點一下作一個小白圓心即可

93
一串心 Three Heart in One

1 將打好的鮮奶奶泡，先撈掉過多的奶泡（因為是要直接做拉花的動作），將鮮奶以及奶泡先做攪拌，讓彼此融合均勻，再以10公分左右的高度，以適當的流速及流量注入杯中約5～6分滿時
2 將杯子頃斜再將鋼杯靠在杯緣，再將鮮奶奶泡倒出，邊倒第一個白色奶泡，停住然後將杯子回正，然後再將杯子傾斜再將鋼杯靠上去，再推出第二個白色圈圈，再重覆上一次的動作
3 最後一個動作就以拉愛心的方式將鋼杯拉高往前移至對向做定點收尾補滿即可

94
翅膀 Wing

1 將打好的鮮奶奶泡，先撈掉過多的奶泡（因為是要直接做拉花的動作），將鮮奶以及奶泡先做攪拌，讓彼此融合均勻，再以10公分左右的高度，以適當的流速及流量注入杯中約5～6分滿時
2 將杯子傾斜再將鋼杯靠在杯緣，再將鮮奶奶泡倒出，左右搖晃鋼杯　做出葉子的圖案，但是只從一邊做收尾（不要從中間收尾）
3 同樣的步驟在另一邊再做一次，邊倒的時候杯子邊回正，以避免鮮奶咖啡溢出，既可完成翅膀的圖案

95
半心半葉 Heart & Leaf

1 將打好的鮮奶奶泡，先撈掉過多的奶泡（因為是要直接做拉花的動作），將鮮奶以及奶泡先做攪拌，讓彼此融合均勻，再以10公分左右的高度，以適當的流速及流量注入杯中約5～6分滿時
2 將杯子傾斜再將鋼杯靠在杯緣，再將鮮奶奶泡倒出並且左右搖晃
3 此時會形成很多線條的愛心圓，之後再將鋼杯退至其中一邊並且左右搖晃，做出葉子的線條，依樣再從中間作收尾的動作，既完成半心半葉

96
漩渦 Scrollwork

1 將打好的鮮奶奶泡，以10公分左右的高度，以一定的流量流速到入杯中置9分滿（此時表面應該是全部咖啡油脂的褐色）
2 再用湯匙撈起鮮奶泡沫從中間倒入補滿，做成一個適度大小的白色圓圈再用湯匙撈起奶泡，在白色奶泡的周圍點五個小白點
3 再用溫度計或是竹籤，從外面的咖啡油脂部分劃入到小白圈的中心點再由小白圈的中心點位置往內劃至中心的白色圓圈中間，重覆此動作即可

97 貝殼項鍊 Necklace

1 將打好的鮮奶奶泡，以10公分左右的高度，以一定的流量流速到入杯中置9分滿接近全滿的位置（此時表面應該是全部咖啡油脂的褐色）
2 再用湯匙撈起鮮奶泡沫從中間倒入，做成適度大小的白色空心圓圈
3 最後用溫度計或是竹籤用繞小寫 e

98 心形 Heart

1 將打好的鮮奶奶泡，先撈掉過多的奶泡（因為是要直接做拉花的動作），將鮮奶以及奶泡先做攪拌，讓彼此融合均勻，再以10公分左右的高度，以適當的流速及流量注入杯中約5～6分滿時
2 將杯子傾斜再將鋼杯靠在杯緣，再將鮮奶奶泡倒出，一邊倒的時候杯子邊回正（此時會有白色奶泡浮出表面），以避免鮮奶咖啡溢出
3 大約至9分滿時將鋼杯稍微拉高，再往前移動至對向白色奶泡邊緣的前方，做定點補滿兼收尾，做出愛心的尖端即可

99 煙火
Firework

1 將打好的鮮奶奶泡，以10公分左右的高度，以一定的流量流速到入杯中置9分滿（此時表面應該是全部咖啡油脂的褐色）
2 再用湯匙撈起鮮奶泡沫從中間倒入補滿，做成適度大小的白色圓圈
3 將溫度計或是竹籤放在咖啡色crema的中間位置，先往內劃至中心點後拉起（此時溫度計上面會有白色奶泡殘留），在從旁邊選定位置將溫度計插下之後馬上往內拉至中心點後拉起，再將溫度計上的奶泡用面紙擦拭乾淨（口訣：拉-->拉-->擦），重複數次這個動作即可

100 太陽輪
Sunny Wheel

1 將打好的鮮奶奶泡，以10公分左右的高度，以一定的流量流速到入杯中置9分滿（此時表面應該是全部咖啡油脂的褐色）
2 再用湯匙撈起奶泡鋪上杯子邊緣一圈，形成外白色（大約0.5公分）內咖啡色
3 最後用溫度計或是竹籤在白色奶泡的地方，以劃半橢圓的方式拉至中心點，重覆此動作即可（記得每用溫度計拉花一次要用面紙擦拭乾淨，方可做下一動作）

咖啡的美味靈魂---咖啡豆
Coffee Beans

2種最廣為人知：Arabica 和Robusta。

Arabica咖啡生長在海拔600到2000公尺的陡坡及高原，Robusta適合潮濕的環境，介於海平面和海拔600公尺的熱帶雨林是其最佳生長地帶。Arabica 約佔全球75% 的生產量。Robusta的葉子較大，表面上有較多的波紋，對病蟲的抗性較高。咖啡「樹」的樹皮包圍著白色奶狀的硬木， 花開時香氣濃郁，略似茉莉花香，可維持大約3天，多達16朵花的花串懸掛在每個

Arabica

Robusta

炭燒 Charcoal Roast

正如其名，用最高級的阿拉伯種巴西咖啡，全程以炭燒煎焙而成，味濃而香醇逼人，苦味和甘味亦相當濃厚的咖啡。

特級義大利咖啡 Superior Italian Coffee

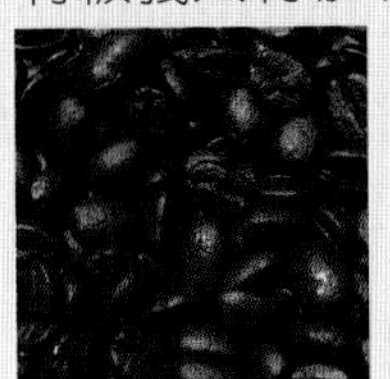

精選優質阿拉比卡種高山豆，配以嚴謹的生產過程，和嚴格的品管，創造出的優質咖啡極品；若配合開水以蒸氣壓力噴射咖啡粉而萃取其精華，以小杯來品嚐此醇咖啡一咖啡的靈魂，是一件極享受的事。

冰咖啡 Brand Ice Coffee

溫潤而極富香醇的口感;苦味強酸味低;在炎炎夏日中來上一杯;讓你精神振奮;活力滿點。

綜合 Mixed Hot Coffee

自家的獨門配方;集所有咖啡特性優點於一身;不論是酸甘香苦醇;喝上一口讓滿滿;的幸福滋味;迴盪在你的唇齒之間。

牙買加真品藍山咖啡 Jamaican Blue Mountain Coffee

藍山位在牙買加東部，咖啡種植園主要分佈於海拔5000英尺以上的山脈間。豐沛的雨量、肥沃的火山土壤，以及終年高山雲霧照拂繚繞，得天獨厚的地理環境，加之百年來於種植、採收、生產上始終堅持少量、手工，且每一環節均謹慎控管，造就了藍山咖啡令世人萬分傾倒的優異品質與絕美滋味。

有機咖啡豆

產地	品種	最佳烘焙程度	特徵	口感	酸度
秘魯有機咖啡豆 Peruvian “La Florida” Cooperative-Certified Organic/ Certified Shade Grown					
南美洲	Arabica	中淺	咖啡粒中	酸甜溫和	略酸
秘魯有機咖啡豆生長於4500英尺的高山上，稍微高於巴布亞紐幾內亞有機咖啡豆，有著飽實的口感及濃郁的香氣。適用於滴漏式咖啡機，及製作濃縮咖啡用，適合搭配牛奶飲用。由於其溫和度高，也可用於混合咖啡用。OCIA及SMBC也評定其為秘魯183項有機食品之一。					
墨西哥有機咖啡豆 Mexican Certified Organic/ Certified Shade Grown					
中美洲	Arabica	中度	咖啡粒大	酸甜有勁，味香濃	低酸
墨西哥有機咖啡豆已獲證實為有機、有蔭蔽地種植在墨西哥州高地Sierra Madre的Café Cumbre農場上。滿山的樹提供了咖啡良好的蔭蔽環境，以及鳥類及昆蟲的天然住所。此高品質的有機咖啡豆生長於純淨的環境中，富含了濃郁和極好的清新香氣。廣受世人最受歡迎的咖啡豆之一，我們深信您也會喜歡。					
巴布亞紐幾內亞有機咖啡豆 Papua New Guinea-Certified Organic/ Shade Grown					
大洋洲	Arabica	中度	咖啡粒大	微酸，溫和順口	微酸
巴布亞紐幾內亞有機咖啡豆產於大洋洲。咖啡豆本身飽實度高、口感滑順豐富、酸度適中、香氣絕佳。並已獲National Association for Sustainable Agriculture Australia Ltd.澳洲農業協會，證實為有機、有蔭蔽地生產種植，並有來自Smithsonian Migratory Bird Center的Bird Friendly(友善鳥)證明。					

產地	品種	最佳烘焙程度	特徵	口感	酸度
哥斯大黎加咖啡豆 Costa Rica Tarrazu Taporto					
中美洲	Arabica	中度	咖啡粒大	香醇	微酸
特有的清香、甘甜的口感、純淨的咖啡，正是哥斯大黎加咖啡豆生長高於5000公尺，經由人工徒手採集每一顆咖啡果實的特色。從果實，到加工成乾燥的生豆過程，都以它的純淨為主要訴求。					
蘇門答臘有機咖啡豆 Sumatra-Gayo Mountain-Certified Organic					
印度尼西亞	Arabica	深度	咖啡粒中	苦、甘，香氣濃郁	微酸
蘇門答臘有機咖啡豆產於印尼Gayo高山上，是一口感濃、飽實度高、香甜、酸味低的咖啡豆。經由北蘇門答臘唯一工廠完全清洗加工製造。已獲SKAL證明該工廠為全球最有效率之一。現在，讓我們一起享用穩定、美味、上流社會的高品質蘇門答臘有機咖啡。					
肯亞特級金牌咖啡豆 Kenya AA Gold					
東非	Arabica	中深	咖啡粒中大	酸甜有勁，味香濃	酸
不只是一種熱情的感覺，也不是只有羅曼蒂克的情愫，肯亞咖啡真的有它擋不住的魅力;如黑軟糖的芳香、帶有甜甜的酒香，自成它特有的風格。此酸甜適中、口感濃烈的完美組合，不用再多的言語，世界級的咖啡，非它莫屬。					
尼加拉瓜有機咖啡豆 Nicaragua / Certified Organic					
中美洲	Arabica	深度	咖啡粒中	優質風味，芳香誘人	微酸
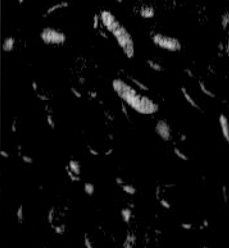 尼加拉瓜有機咖啡豆產於中美洲。極佳的尼加拉瓜咖啡在世界上位居前列，它溫和可口，顆粒適中，十分芳香，令人喜愛。適合深度烘烤，更適於虹吸式（塞風壺）Syphon咖啡。					
哥倫比亞咖啡豆 Colombia / Certified Organic					
南美洲	Arabica	中度至深度	咖啡粒中大	芳香	略酸
哥倫比亞為世界上優質咖啡的最大生產國之一，並在1927年成立了國家咖啡管理協會(Federacion Nacional de Cafeteros)，嚴密監管並保證咖啡豆質與量；加上其優越的地理條件和氣候條件，使得哥倫比亞咖啡質優味美，譽滿全球。具有絲一般柔滑的口感，均衡度優異，口味綿軟，屬芳香型咖啡，適合隨時飲用。					
特級藍山風味咖啡豆 Maragogype					
哥倫比亞	Arabica	中度	咖啡粒大	優質風味，芳香誘人	微酸
 特級藍山咖啡風味香甜細膩，酸味較弱、苦味適中。中度烘焙下口感均衡香氣濃郁，入口甘甜柔順，口味媲美牙買加藍山。是咖啡愛好者不應錯過的優質咖啡。					
有機耶加雪啡咖啡豆 Yirgacheffe					
衣索比亞	Arabica	中度	咖啡豆形橢圓	極富香氣及層次感	微酸
耶加雪啡咖啡生長在衣索比亞的西達摩(Sidamo)高原，可沖調出一杯美味可口的咖啡。它那獨有的果香味、多層次的質感與花卉芳香，適合任何時間飲用，亦是餐後飲品最佳選擇之一。					

咖啡豆的研磨

如果能夠自行進行烘焙、研磨、萃取咖啡，想必就是當今最新鮮、最香、最好喝的咖啡。

以現研磨，咖啡豆能夠釋放出高品質的香氣，研磨高新鮮度的咖啡時，周圍會瀰漫著芳香的香氣；相反的，不夠新鮮的咖啡粉香氣已消失，常常還會因為其內含的油脂成分而散發出不好的油臭味。咖啡豆一旦磨成粉狀會因與空氣接觸面積變大而加速氧化，因此若要保持咖啡的新鮮度，建議現磨現煮為最佳享用咖啡之法。

現磨咖啡的重點

咖啡盡可能要以咖啡豆的方式保存，等要沖煮時再進行研磨成粉，在此之前需了解如何選用合適的磨豆機以及需研磨的粗細度為何，並非一味地將咖啡豆倒入磨豆槽中磨粉即可。因此對於磨豆機的性能與咖啡粉的粗細度都需要有充分的了解。首先須先知道要何種方式萃取咖啡，再者，就須注意該如何正確的保存磨剩餘的咖啡粉，以上的細節皆注意到了才稱得上是正確的研磨。

研磨時的要點：

1. 研磨粗細度要均勻〈建議先啓動磨豆機馬達，再行下豆研磨〉
2. 請勿大量研磨〈易產生熱度，讓香氣提早散發〉
3. 選擇適合萃取方式的粗細度

研磨粗細度要均勻：

研磨不均會造成咖啡風味不一致、不協調，不論是哪一個步驟，都必須盡可能排除不理想的因素，追求沒有雜味，口感佳味道濃郁均衡的咖啡，研磨後的咖啡顆粒是否均勻會直接影響咖啡萃取液是否完全。如果咖啡粉不均會使咖啡液的濃度不均。研磨度的差異會帶給咖啡味道的影響？

※研磨度過細苦味愈強；研磨度過粗苦味愈弱

大量研磨的影響：

一般市售研磨機規格有半磅〈225公克〉及一磅這兩種規格，其中以小型研磨機較不適合一次研磨超過150公克以上，這樣容易產生馬達運轉速度負載，產生熱直接由軸呈傳導到刀片再加上刀片又與咖啡豆磨擦撕裂而產生瞬間溫度，因而香氣提早產生。因此研磨咖啡產生熱這是必然的，但根據機器構造的不同，熱度也會有不同的變化。

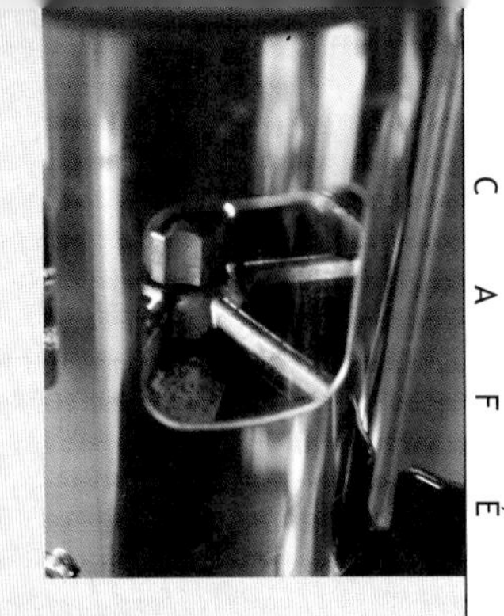

磨豆機研磨刀片可分成兩種

1. 水平式刀盤
2. 錐狀刀盤

都是利用刻有溝槽的兩個刀盤，刀刃碾壓磨碎成粉。市面上也有家用型小家電的研磨機，但刀片操作上類似螺旋槳的切碎方式（砍豆），因此缺點是粉末顆粒較不平均。

※其缺點是粉末較不均勻

水平式刀盤

研磨度	較細	較粗
表面積	大	小
萃取度	強	弱
苦味	多	少
口感	濃	淡
溫度	高溫萃取	低溫萃取

磨豆機也需要清潔！可使用專用食品清潔錠清潔刀片，或以人工拆卸刀片，再以毛刷清潔咖啡粉垢。

防止萃取出單寧酸

咖啡包含各種成分，萃取過程中並不是一直將其所有成分完全萃取出來。如果咖啡粉份量一定，則可沖煮的成分由粗細度、時間與水溫決定。

研磨度越細的粉末，沖煮時間越長，所得到的成分也就越多，相對地也容易將我們不需要的不好成分也萃取出來，而這其中所謂不要的成分主要代表即為單寧，正確的稱呼應該是『綠原酸』。生豆中含有8%～9%；烘焙中含有4%～5%，如果烘焙到義式咖啡左右的深度烘焙時，90%左右的單寧會被分解。

通常一般人以為深度烘焙咖啡刺激性強；淺度烘焙刺激性弱，這是錯誤的迷思。別以為淺度烘焙咖啡刺激性較弱而在睡前飲用，如此一來更可能會睜眼難眠至天明。隨著烘焙度越深，咖啡因與單寧的含量越少，刺激性也會較弱。

萃取過多的單寧就是造成咖啡澀味之元兇，少量的單寧能夠揮發咖啡中甘甜與香醇，為了防止單寧被過度萃取，重點是咖啡豆採用粗磨粉量較少，用較低溫的水約82～83度慢慢萃取，選擇適合萃取法的研磨度，研磨的粉末細則苦味多，粉末粗則苦味少，這是不變的基本法則，是根據咖啡粉表面積被熱水吸收的量不同所造成的現象。

研磨數字越小粉越細；數字越大則越粗

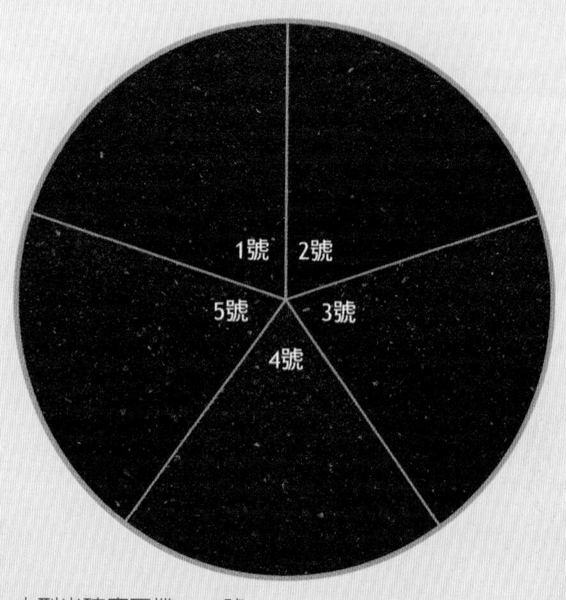

小型半磅磨豆機1～8號
大型壹磅磨豆機1～10號

沖煮出好咖啡的條件

若要煮出一杯好咖啡的重點如下：

A.選擇高山優質咖啡生豆
B.新鮮烘焙的咖啡豆
C.新鮮現研磨的好咖啡
D.剛煮沸之熱水
E.現煮咖啡
F.立即享用咖啡

要喝一杯優質的咖啡，須選擇高山種植產出的生豆，此原因在於高山上氣溫低且易起晨霧，能夠緩和熱帶地區所持有的強烈日照讓咖啡果實有充分的時間發育成熟。

另外還有種植在高山上的植物比種植平地的植物成長期較為緩慢，其果實的成熟期較長，所以高山所產的咖啡豆顏色較為深綠，果時堅硬、香氣濃，豆中果酸與澀味較強，口感也較醇，但烘焙較困難掌控，且在市場上價格也較優。

但是種植在牙買加島著名的藍山咖啡和夏威夷島之可娜咖啡等高品質咖啡就並非在屬於高山咖啡，只要有合適的生長環境，如適宜的氣溫、降雨量、土壤，會起晨霧且日夜溫差大，就能栽種出高品質的咖啡豆。

咖啡的味道除了生豆與生俱來的品質外，大多是取決於烘焙這個過程，正確的烘焙度更是重要，如果烘焙技術不夠完善，對味道會造成更大的轉變，即便有更完美的研磨和萃取技術都無法彌補此缺憾。

研磨的高新鮮度的咖啡時，四週會瀰漫著香氣，選擇早已研磨好的咖啡粉，會因與空氣接觸面積變廣而急速氧化。因此要保持咖啡的新鮮度，方法就是需現磨現煮是最佳的作法。

烘焙度	淺至中深烘焙度
研磨度	中度研磨
粉量	一杯份＝10公克 二杯份＝18公克 （每多增加一杯即多7～8公克）
水溫	82°C～83°C
沖出量	一杯份＝150ml 二杯份＝300ml （每多增加一杯即多150ml）

一杯好的咖啡中液體佔了98%，因此水質的要求更為重要，使用剛煮沸的熱水是不可避免的，而水源的種類諸多，如：蒸餾水、礦泉水、山泉水…等，就是不建議使用重複煮沸的沸水。而當咖啡煮好了，應立即享用。

剛烘焙好的咖啡豆，還在大量排放二氧化碳，有如生氣蓬勃般的野馬活蹦亂跳，這種狀態下咖啡粉若注入90°C以上的熱水（滴漏式），是不會產生「悶蒸」的情況，反而會噴出泡沫，使味道變差。

水溫不只是受到新鮮度的影響，也會依烘焙度而改變。一般來說，深度烘焙較適合低水溫（80～83℃）淺度烘焙較適合微高溫（85～88℃）。由此可知，光是水溫此因素就會因為器具、烘焙度、新鮮度而改變。

控制穩定的熱水量

要能穩定控制熱水量是件最難達到的事，因為在這過程當中，有太多不確定的因素在其中，例如：注入水流的大小、注入方式…等。

首先是沖壺中的水量須保持每次注入固定的水量，水量若是忽大忽小，所持的沖壺傾倒時，水出來的流量與角度就無法一致，也就無法一致以細細的水流注入，水量若能全程保持一定，就能持續相同的流量、相同的角度倒出。

穩定壺中的水量與注水的姿勢、細口壺嘴的出水量也會因而固定。

倒出的水柱粗細度以2～3公厘為參考，嚴格說起來，是以出水口處2～3公厘處為最理想。但是水流粗細也因萃取份量多寡而有不同，4～5人份的咖啡，水流粗細可達到5～7公厘。接下來，需注意到入的水當中不要夾雜空氣，使用沖壺倒水時，注入位置不宜過高。水柱會在過程中產生小水滴，這容易帶入一旁的空氣，空氣會由正在「悶蒸」的咖啡粉膨脹的表面冒出造成開孔。

一旦開孔，熱氣會從粉中的空隙流失，以至於外面的冷空氣進入，造成咖啡無法充分「悶蒸」而萃取不出美味的成分，所以要將水滴前段水柱垂直落在咖啡表面，最好與咖啡表面的距離維持再3～5公分為最理想。

咖啡的美味搭配---
鮮奶油、鬆餅、奶酪
Coffee Mates

製作鮮奶油

利用奶油槍製作

1. 瓶中裝入500cc液體鮮奶油後，將瓶口拴緊
2. 並裝上一顆氮氣子彈，搖盪10～15下
3. 再將奶油槍倒過來可擠出發泡鮮奶油
4. 成品約增加3倍體積

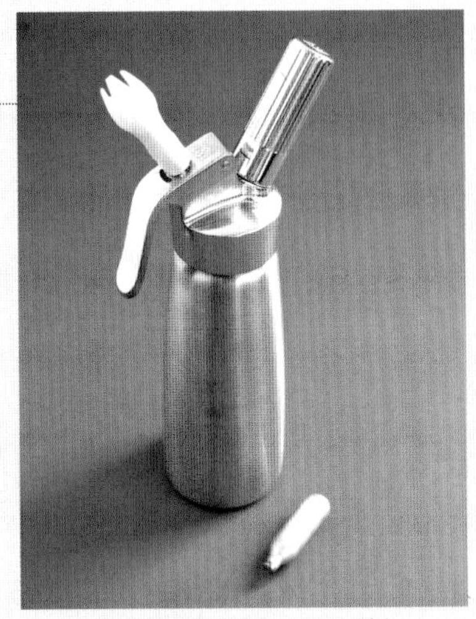

鮮奶油發泡器（奶油槍）
氮氣瓶

電動打蛋器打發

軟式鮮奶油

1. 鋼盆中倒入適量鮮奶油
2. 以電動打蛋器打發
3. 打至約六分發的狀態即為軟式鮮奶油

打發鮮奶油

1. 與軟式鮮奶油製作方式相同
2. 在打發至六分發後繼續攪打
3. 打至全發的狀態，傾斜鋼盆鮮奶油不會流動，並呈現細緻的花紋狀即可

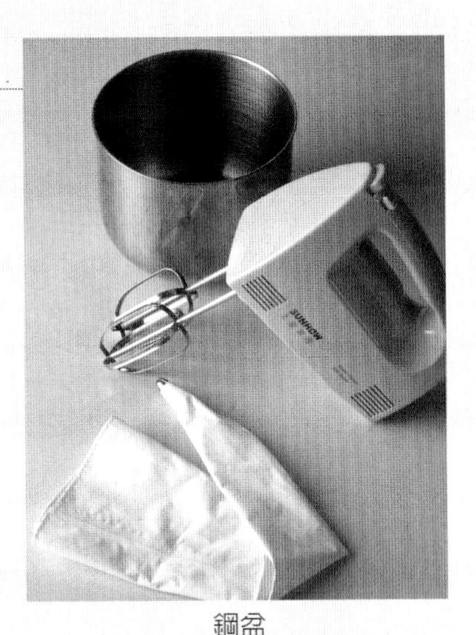

鋼盆
攪打發泡鮮奶油用，
採用不鏽鋼材質
電動打蛋器
選擇有段速的器具，可在短時間
完成，可應用製作鬆餅麵糊及
攪打發泡鮮奶油
擠花嘴／擠花袋
盛裝發泡鮮奶油用，如有空氣，
需將氣泡排出，擠出鮮奶油時
才不至於影響表面花紋

美味鬆餅

在咖啡館裡最常聞到的現烤點心就是美味鬆餅香氣，鬆餅的種類又分為美式、與比利時鬆餅這二款。

比利時鬆餅1

口味較豐富多變化，例如：綜合水果鬆餅、鮮奶油、巧克力、葡萄乾、杏仁脆片等等，此種鬆餅是目前咖啡店販售最多的種類。

比利時鬆餅2

可一口品嚐的比利時鬆餅，是用手工一個一個搓出成型的，之後再放入格子燒烤出爐，香脆的外皮下，軟香超彈牙的口感，適合添加各式莓類（如草莓、小紅莓等）等不同水果，令人愛不釋手。來自比利時的點心和一般鬆餅別有不同的製作方式，在於麵糰需要發酵。

美式鬆餅

其風味相似銅鑼燒口感，但卻沒有內餡，在食用時淋上楓糖即可，而多半在美式速食店都販售此種款鬆餅。

剛出爐的鬆餅吃起來外層酥脆，內曾富有彈性，嚐起來當中還有一顆顆小粒的糖粒，這是因為這種糖在烘焙中不會融化，還保留了原味的香脆及甜度。

比利時鬆餅 1

酥油 135g

蛋 4顆

鮮奶或水 225cc

預拌鬆餅粉 500g

1. 酥油加熱溶成液態待用。（溶成液態即可，不可過熱）
2. 將蛋攪打均勻、發泡(約打10分鐘)；再加入鮮奶（或水）一齊攪拌均勻
3. 加入鬆餅粉再攪拌均勻
4. 最後緩緩加入溶成液態的酥油，拌勻即可
5. 注料於機器煎板上，蓋上上煎板後，定時約3分鐘，直到時間到鈴響後取出鬆餅

請確實依照順序攪拌以確保品質；烘烤時間約3分鐘左右。若所致出鬆餅中間撕裂開，可能是煎烤時間不足，請加長設定時間。

* 一般預拌鬆餅粉調拌比例錯誤，為製出鬆餅中間撕裂或不完美或黏餅的主要原因。

口味介紹：蜂糖、巧克力、鮮奶油、冰淇淋、水果...等。

加味：杏仁脆片、椰子、葡萄乾...等。

比利時鬆餅 2

砂糖　30g
蛋　2顆
鮮奶　260cc
鹽　1/2小匙
低筋麵粉　240g
酵母　1又1/2小匙
酥油　1/3杯

1. 先將砂糖、鹽、蛋、溫熱過的鮮奶（約40℃）攪拌均勻
2. 低筋麵粉、酵母用篩網過篩
3. 取木杓將材料拌勻後加入酥油拌勻
4. 隨後讓麵糰發酵1小時
5. 靜待完成後取出麵糰，將麵糰分小段後搓圓（像搓湯圓的方式）
6. 完成後放入烤盤格子烘烤

美式鬆餅

砂糖　20g
蛋　2顆
鮮奶　260cc
預拌粉　100g
蜂蜜　20cc
奶油　20cc

1. 先將奶油塊隔水加熱融化待用
2. 將蛋及砂糖打發泡
3. 鋼盆中加入鮮奶、蜂蜜攪打均勻
4. 將預拌粉過篩再和上述材料一起混合攪打即可
5. 取平底鍋預熱，加入一點油，放入一勺麵糊至鍋中
6. 等到表面開始起泡，即可準備翻面
7. 翻面後再煎1～2分鐘即可起鍋
8. 放入盤中，淋上蜂蜜即可

香草奶酪

冰鮮奶　300cc
鮮奶油　300cc
香草飲品粉　50g
吉利丁片　3片
鮮奶油　適量
芒果果泥　少許

1. 用冰水將吉利丁片泡軟待用
2. 取一尖嘴發泡鋼杯，將冰鮮奶、液體鮮奶油、香草飲品粉依序倒入鋼杯內
3. 用咖啡機蒸氣管將鋼杯內的食材加熱至約60°C（家用：可用微波爐加熱）
4. 將已泡軟的吉利丁片放入鋼杯內攪拌溶解
5. 將液體倒入模型杯裡後放入冰箱等待凝結即完成（約4小時）
6. 最後可擠上鮮奶油及淋上芒果果泥裝飾即可

＊將香草飲品粉改為其他口味的飲品粉即可改變奶酪的外觀與風味。

滴滴皆黑金---咖啡的萃取

Extract

濾杯式滴漏法 Drip Coffee

所需要的器材有濾杯、濾紙、沖壺、咖啡壺。

＊濾紙和濾杯需搭配同一規格，下表示同型號的對照表：

型號	101	102	103	104
杯份	1～2人份	2～4人份	4～8人份	6～10人份
沖壺容量	500ml	900ml	1500ml	1800ml
萃取量	360ml	600ml	1200ml	1500ml

濾杯材質

陶瓷、銅、耐熱樹脂

濾紙

漂白、無漂白

粉匙

沖壺

不鏽鋼、銅、烤漆鐵

咖啡壺

玻璃製品

濾杯有陶瓷、免用濾紙銅片濾器、樹脂等材質製成，其中最大的不同點在於杯底的開孔數量，以日本的歷史潮流來看，首先是在一九六Ｏ年代之後國產三孔式濾杯問世，一九七Ｏ年代外國製作單孔式濾杯導入。

單孔式濾杯是前西德的梅麗塔〈Melitta〉夫人所發明的，一人份的咖啡就加一匙粉(10公克〉三人份的咖啡就加三匙咖啡〈約26公克〉，而注水需要一次完成，因此容易產生讓濾杯孔堵塞過度浸泡，尤其以淺烘焙度咖啡不適用，而主要是用的咖啡類型是像德式烘焙等中深度烘焙的咖啡，所以使用濾杯此方式深得喜歡深度烘焙的德國人所喜愛。

而市售之三孔式濾杯就很合適東方人，三個濾孔可讓熱氣容易穿過，即使若其中有孔堵塞，也有其他孔可流出，因此適用於淺至深度各種烘焙度的咖啡，溝槽的作用，其實是讓濾紙與濾杯中間有縫隙讓熱氣排出。

	研磨度	溫度變化	粉末表面	水流穿透速度	風味	口感	萃取時間
單孔式濾杯	粉末細	水溫過高	急速膨脹	慢〈易堵塞〉	較濃厚	苦味強	長〈過多單寧與澀味〉
三孔式濾杯	粉末粗	水溫過低	不會膨脹	快	較清爽	苦味少	短〈有香氣但口感較淡〉

萃取程序 1人份10公克 / 2人份18公克 / 3人份26公克

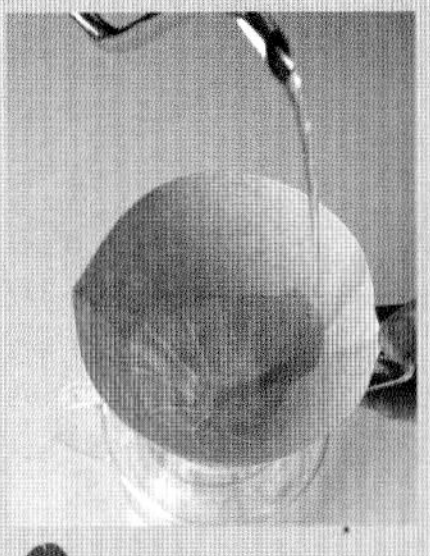

1 首先將濾紙車邊向內摺，好讓濾紙和濾杯緊貼於濾杯上，再將細口沖壺中的熱水淋濕濾紙，這一來可去除紙漿味，二來可進行溫杯及溫壺

2 倒入中度現研磨好的咖啡粉，輕輕拍打濾杯，讓咖啡粉表面接近平坦和密實

3 第一次注水，讓熱水由出水口緩緩流出。水流注入位置應致於杯內中心點

4 熱水由粉面上方3～4公分處垂直倒入，重點是將水緩緩倒出，方向則是順時鐘的方向畫圓

5 倒入熱水的同時，咖啡粉的表面會膨脹形成漢堡狀，咖啡粉膨脹「悶蒸」靜待30秒左右

6 咖啡粉膨脹「悶蒸」靜待30秒左右。最理想的熱水量是咖啡壺中有幾滴或是薄薄一層咖啡液於底

7 第二次注水，將細口沖壺與咖啡粉表面保持水平，順時鐘緩慢移動畫圓；垂直倒入熱水，要讓熱水淋透咖啡粉70%面積。新鮮的咖啡粉會產生許多細微的泡沫，但淺烘焙咖啡較不易產生泡沫，或是水溫偏低時也不會產生膨脹現象，反而會造成咖啡粉塌陷

8 第三次注水時，倒水時機是熱水倒滿、粉面呈現凹陷，讓熱水全部都滴完，而咖啡的成份在第三次的注水已幾近被萃取完成

9 之後若再倒入熱水萃取是為了調整濃度與不足量。然而萃取的時間過長，反而會損害咖啡味道的成分會因此被釋出，因此若要第四次之後的注水須要動作快一些
＊圖中為萃取完成後咖啡粉在濾杯中的狀態。

10 萃取後的咖啡以吧叉匙攪拌，讓濃度均勻

濾袋滴漏法 Drip Coffee

四人份以上小沖架
1.2公升細口沖壺
600cc耐熱玻璃壺

萃取程序

1 將濾袋安置於玻璃沖壺中，取細口沖壺熱水淋濕濾袋，這可進行溫壺，再把濾袋水擰乾再放入玻璃沖壺中

2 倒入中度現研磨好的咖啡粉，輕輕拍打濾袋，讓咖啡粉表面接近平坦和密實

3 第一次注水，讓熱水由出水口緩緩流出。水流注入位置應致於袋內中心點

4 倒入熱水的同時，咖啡粉的表面會膨脹形成漢堡狀，咖啡粉膨脹「悶蒸」靜待30秒左右

5 熱水由粉面上方3～4公分處垂直倒入，重點是將水緩緩倒出，方向則是順時鐘的方向畫圓

6 最理想的熱水量是咖啡壺中有幾滴或是薄薄一層咖啡液於底

7 第二次注水，將細口沖壺與咖啡粉表面保持水平，順時鐘畫圓；垂直倒入熱水，要讓熱水淋透咖啡粉面積70%。新鮮的咖啡粉會產生許多細微的泡沫，但淺烘焙咖啡較不易產生泡沫，或是水溫偏低時也不會產生膨脹現象，反而會造成咖啡粉塌陷

8 待水快滴完接著第三次注水要讓熱水淋透咖啡粉面積。讓熱水全部都滴完，而咖啡的成份在第三次的注水已幾近被萃取完成。之後若再倒入熱水萃取是為了調整濃度與不足量。然而萃取的時間過長，反而會損害咖啡味道的成分會因此被釋出，因此若要第四次之後的注水須要動作快一些

9 萃取後的咖啡以吧叉匙攪拌，讓濃度均勻

摩卡壺 Moka

義大利家庭多半均採用「摩卡壺」的濃縮咖啡器具，摩卡壺的材質有不鏽鋼和鋁鎂合金兩種，前者較普遍而鋁鎂合金較少見。摩卡壺的構造分上下兩層，下壺所盛裝的是冷水，經由加熱煮沸後就會通過漏斗內中有研磨極細的咖啡粉而湧出上壺。

摩卡壺
不鏽鋼和鋁鎂合金兩種

萃取程序

1 先將下壺倒入冷水（二人份約90cc）

2 再將咖啡粉裝填放入漏斗中約八分滿，之後輕敲3～4下，讓漏斗內粉末密實，再將裝填至滿、堆高，並抹去多餘的粉

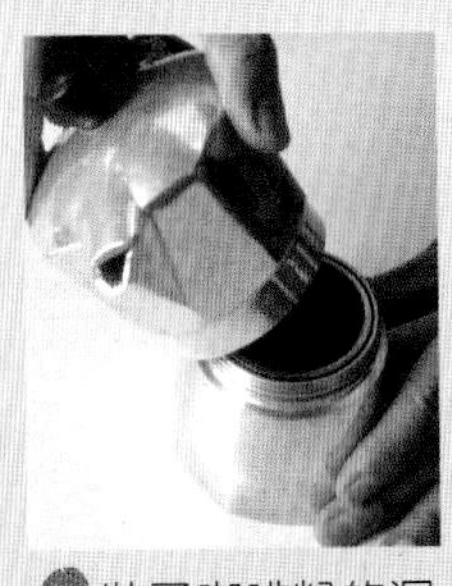

3 裝了咖啡粉的漏斗放入下壺，再將上下壺確實鎖緊。倘若兩壺之間產生縫隙，蒸氣與熱水會由縫隙漏出造成無法加壓萃取

4 加熱時將壺擺放在爐具上，接著點燃火，需注意火燄不可超過壺底面積以外為宜

5 並且打開上壺蓋，觀察注意其咖啡萃取過程，約略經過2分鐘左右後，便可看見咖啡液體湧出，就可微微把火轉小（讓萃取咖啡的水溫可以穩定並通過咖啡粉）

6 最後可看見湧出泡沫咖啡或是聽見氣泡聲即可關火

7 煮好的咖啡須攪拌，使之上下濃度一致後便可分杯享用

法式濾壓壺 French Presses Pot

在市場上相當受到矚目的器具，在大型量飯店或咖啡連鎖店是均有販售，濾壓壺並非新發明的器具，在日本原來主要用於沖紅茶，偶然間將它用於咖啡上，或許這算是向創新發明吧！就像台灣製造義式咖啡機，經由國人的改裝，成功的推出單杯現泡鮮茶機，在歐美相當普遍使用這種濾壓壺。

器具規格可分1～2人、2～4人、4～6人份，依實際所需再行選擇適合的器具、吧叉匙

萃取程序

1 溫壺

2 沖泡方式將中度到中粗研磨的咖啡粉與熱水（90至95℃）放入壺中

3 以竹片輕輕攪拌蓋上蓋子，把拉桿向上拉，讓咖啡粉與水有充分的舒展空間

4 靜待悶蒸約3～4分鐘左右，接著扶住壺把，將壓桿緩慢下壓，上拉下壓共2次，讓咖啡完全萃取即可

土耳其咖啡 Turkish Ibrik

製作土耳其咖啡其真正的困難點在於取得正確的混合咖啡，傳統的土耳其咖啡配方式非常具有獨特味道，其主要來自衣索比亞咖啡為主，但通常會混合一些巴西咖啡豆，主要因為可獲得較香的口感。許多人誤認為土耳其咖啡是深度烘焙的，但是這種粉狀咖啡通常都是淺烘焙，一點也不黑，其研磨是所有咖啡方式中最細的，在烹煮過後，咖啡色澤較深，而被誤認為是較深焙咖啡。

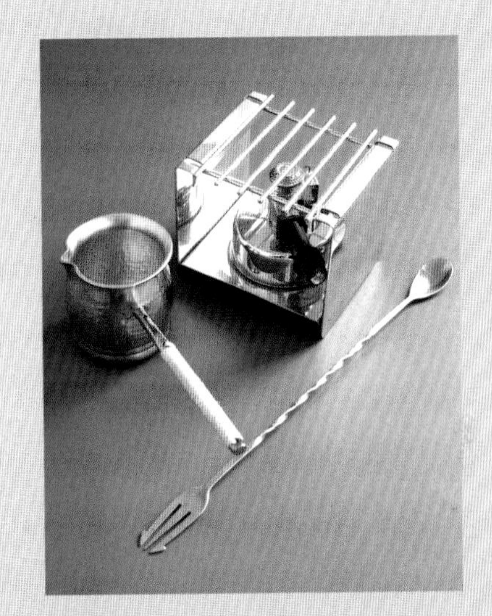

什麼是Ibrik？是在中東國家傳統烹調咖啡的一種器具，其外觀看是一種小型、附有長柄的銅製或黃銅製的金屬窄口鍋，其材質為銅製，其原因在於受熱快且均勻，烹調方式簡單，在中東地區被廣泛使用。

萃取程序

烹煮一杯土耳其咖啡所需要的水與粉比例為：一杯水與咖啡粉比例為：180cc比9公克，之後放入10公克冰糖。

1 將材料放入壺中，把壺拿到火源處以小火煮開

2 當煮沸時，鍋內的咖啡快要溢出壺時，迅速將它從火源處移開

3 並攪拌壺中咖啡，好讓咖啡粉與水充分混合，再回到火源處加熱

4 只要再次沸騰時，再度離開火源但不攪拌，當第三次表面已滾燙起泡，小心地把壺移開火源

5 把溫熱過的咖啡杯準備好，倒入現煮好熱咖啡即可。土耳其咖啡在飲用時絕不添加鮮奶或奶精飲用

義式濃縮咖啡 Espresso

什麼是Espresso？解釋為「快速」，經過一百年的進步，對義大利人來說是生活中不可缺少的一部分。在歐洲，Espresso就是當地人的生命，早晨起來先喝一杯Latte之後，接著人們喜歡到店裡買杯Espresso大家都等在吧?前面，拿到第一手的咖啡，分三小口就喝完了，客人彼此相識交談，咖啡館因此變成社交場所，許多年前他們一直認為這樣的咖啡應該要風行全世界才是，沒想到這樣的夢想在現代終於實現了，這幾年來全世界各個角落都風靡在這一片義式咖啡的風潮中。在西岸美國與台灣，義大利咖啡館林立街頭，以年輕人約會與洽商的地方，他們大都不喝Espresso，只愛加了鮮奶的卡布基諾或拿鐵咖啡，原因在於量少、過濃、無法滿足個人所需。

在顧客間相當受歡迎的卡布奇諾咖啡，是以聖芳濟修會Capuchin修士的修道服所命名的。聖芳濟修會是以清貧著稱的義大利拿坡里「保羅聖方修濟會」的分會，服裝顏色是以淺巧克力色為其標誌。而卡布奇諾咖啡亦可暱稱為「卡布」。

義式咖啡機是將鍋爐內的熱水經由馬達加壓推往剛研磨好極細咖啡粉中，瞬間萃取出乳化脂質和溶解成分，產生焦糖般的香氣與獨特的咖啡液體，表面所覆蓋著則為Creama。

義式咖啡機
提供穩定水溫與準確水量以萃取出完美濃縮咖啡，其次水溫所產生的蒸氣壓力亦可製作出綿密的奶泡，做出各式各樣的義大利咖啡
咖啡匙
用於量取咖啡豆或粉量
木刷
清潔咖啡渣用
黑柄塑膠刷
清潔咖啡濾頭及濾頭墊圈用
尖嘴鋼杯
盛裝待發泡牛奶及製作拉花用
填壓器
使咖啡把手粉槽內咖啡粉密實

萃取程序

1 將咖啡粉一杯份〈7公克〉平均裝入把手濾器內

2 用填壓器〈重量約為700公克〉將咖啡粉平均壓密實，不須特別用力填壓

3 隨後確實扣入咖啡機濾頭上，按下按鍵後，九個大氣壓力的熱水由出口送出

4 等待約23～25秒左右萃取結束

5 而這一次的萃取量約30cc的液體，咖啡油Creama約佔全量的四分之一

成功 vs 失敗萃取對照

咖啡粉太細　標準　太粗

義式咖啡必須使用專用的烘焙咖啡豆，一般普遍使用烘焙度較深的城市烘焙到法式烘焙。而義式咖啡中罕有百分之百的阿拉比卡種的咖啡，市場上幾乎所有的咖啡吧 所端出來的咖啡都是摻有羅布斯達種咖啡，因為義大利人認為：優質羅布斯達種咖啡豆可提高咖啡中濃郁的焦糖味，再者製作冰飲咖啡時酸味也可降低，所以義式咖啡所使用的多半是綜合咖啡豆。

- Espresso濃縮咖啡30cc
- Espresso加熱開水→美式淡咖啡150cc
- Espresso加鮮奶加奶泡→卡布基諾200cc
- 鮮奶加Espresso及少許奶泡→拿鐵咖啡250～500cc
- Espresso加鮮奶、巧克力醬、鮮奶油→咖啡摩卡180cc
- Espresso加奶泡→瑪琪雅朵
- Espresso加鮮奶油→康寶蘭

虹吸式（塞風壺） Syphon

於一八四O年由英國牧師羅伯特·那皮耶先生所發明，而其萃取過程很簡單。此種萃取方式最有趣的是，能夠又外部觀察到整個咖啡萃取的過程。

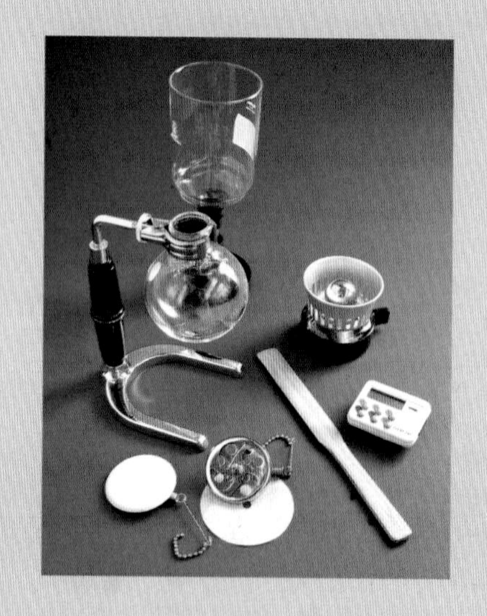

虹吸式（塞風壺）TCA-2
可萃取一至二人份壺具
竹片
用來攪拌咖啡粉，使之溶於水中
電子瓦斯爐
可調整火力，在短時間讓水溫達到指定溫度，此外較不怕風吹影響火源
過濾網
阻止咖啡渣流至下壺（約煮30～40次需更新濾布）

萃取程序

1 下座玻璃壺內盛裝未煮沸過濾之生飲水，因含氧量較高，故可萃取出較香醇較好的咖啡

2 擦拭下座玻璃壺外表層，防止玻璃帶有水珠加熱後，因膨脹係數不一而造成破裂

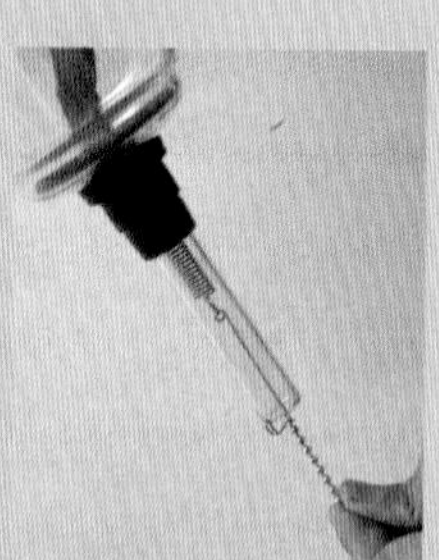

3 濾網置入上壺中心，以鉤子固定

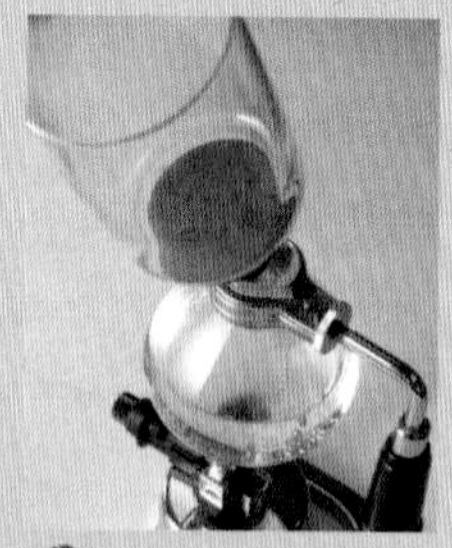

4 點火加熱，此階段可以使用較大的火力，讓水可在短時間內達到高溫（詳見表二）

5 預先進行溫杯，事先在杯中加入半杯熱水，待裝盛煮好的熱咖啡，再飲用過程可保持較穩定的溫度

6 見水沸騰時火力調成適中，將結合上下玻璃壺，待下壺水通過管子流到上壺中待10～15秒讓水溫穩定（詳見表一）

7 倒入研磨好的咖啡粉於上壺中

8 使用竹片攪拌粉末（將粉溶於水中）

9 計算萃取時間（每種咖啡依產地、烘焙度與研磨機新舊不同而有所差別，萃取時須觀察上壺，粉末表面不可產生大氣泡或龜裂，若有此現象表示火太大，須調整火焰大小（見表二，此表格參考豆商所提供之規範）

10 第二次攪拌（萃取時間約過20秒後再做第二次的攪拌達到一定的濃度）

11 關閉火源（加熱時間一到立即關火）

12 最後一次攪拌（攪拌約6～8圈，即完成萃取）

13 分離上下玻璃壺（待所有咖啡液體流至下壺即可脫離上下壺）

14 將萃取出的咖啡倒入溫好的咖啡杯中即完成

表一

杯數	豆匙(7公克)	粉匙(10公克)	水量(虹吸壺下壺刻度)
1杯	2匙	1.5匙	1又1/2
2杯	3匙	2匙	2又1/2
3杯	4匙	3匙	3又1/2

表二

單品咖啡品名	參考磨豆粗細度	參考時間
哥倫比亞	2號	50"
巴西	2號	50"
摩卡	2號	50"
曼特林	3號	45"
深爪哇	3號	40"
藍山	2號	50"
綜合熱咖啡	2號	55"
美式	2號	50"
曼巴	2號	45"
曼摩	2號	45"
曼爪	3號	40"
炭燒	3號	45"
夏威夷可娜	3號	45"
特級藍山	3號	45"
黃金曼特寧	3號	45"

作者跋

決定從事咖啡相關事業，至今已邁入第十八個年頭，之所以會與咖啡結緣，是從退伍後曾在餐廳吧台工作過一段時間，體會到若能製作出一杯讓客人滿意的飲品是件多麼具有成就感的事，當然，也從中發現原來咖啡的學問是這麼的廣泛、深奧，而就在這過程中，與咖啡結下了不解之緣。

在這些年來，為了能獲得更多更新的資訊，除了參觀展覽以獲得最新資訊之外；也時常遠赴歐美各地取經以獲得第一手資訊，實地參訪製造咖啡機、烘豆機等知名大廠，更清楚明瞭其原理；也曾親自採集咖啡果實等等，這些無不是為了更能了解咖啡，也希望藉此可以在教學、著作中，傳達、分享出更正確的資訊給讀者。

本人也在2005年時加入了台灣咖啡協會，目前擔任理事一職，更慶幸有這樣的組織協會能讓我向前輩們請益，能與志同道合的同好分享經驗，學習最新與國際接軌的咖啡相關訊息、知識。

這本「咖啡教科書」是本人將這十多年來累積的相關經驗、實驗求證而匯集成冊，然而”唯有新鮮烘焙的咖啡豆，現磨現煮，才能達到完美咖啡”，不論是再頂級的咖啡豆或是多昂貴的萃取咖啡器具，若不能遵守著此則也是枉然。而隨書所附的DVD教學影片，希望可以讓對咖啡有興趣的讀者有更具體的了解，知道該選擇什麼樣的咖啡豆、器具才是合適自己的，更進一步能妥善應用萃取的器具，最後能變化出隨個人喜好的專屬咖啡。

邱偉晃

台北市調酒協會理事、北區農會家政班講師、中國文化大學生應系教師、桃園來來百貨文化教室教師、中壢、台北SOGO太平洋崇光百貨文化教室講師、桃園救國團講師、桃園統領百貨文化教室講師、中壢遠東百貨文化教室講師、國軍退輔會餐飲班講師、新竹救國團講師、卡堤咖啡有限公司顧問、台灣咖啡協會理事、北區扶輪社講師、北區獅子會講師…等。

著有：冰沙館、小茶包變身141道人氣茶飲、高分調酒吧。

感謝劉兆明、葉淑芬、朱振輝、周惠玲等人的協助，讓本書順利完成、內容更加豐富。

EASY COOK

咖啡教科書：

100道冰熱咖啡詳細配方200張詳盡步驟圖解！

名師親自傳授，新手必讀高手指定選書！

作者　邱偉晃

出版者 / 大境文化事業有限公司　T.K. Publishing Co.

發行人　趙天德

總編輯　車東蔚

文案編輯　編輯部　美術編輯　R.C. Work Shop

攝影　TOKU　CHAO

台北市雨聲街77號1樓

TEL：(02)2838-7996　FAX：(02)2836-0028

法律顧問　劉陽明律師 名陽法律事務所

二版日期　2008年11月　定價　新台幣350元

ISBN-13：978-957-0410-69-3　書　號　E69

讀者專線　(02)2836-0069

www.ecook.com.tw

E-mail　service@ecook.com.tw

劃撥帳號　19260956 **大境文化事業有限公司**

咖啡教科書：

100道冰熱咖啡詳細配方200張詳盡步驟圖解！

名師親自傳授，新手必讀高手指定選書！

邱偉晃 著

初版. 臺北市：大境文化，2008[民97]

面；　公分. ----(EASY COOK系列：69)

ISBN-13：9789570410693

1.咖啡 2.飲料　　427.42　　97010807

義式濃縮咖啡大全Espresso Book

日本Espresso咖啡冠軍

收錄了本書作者--門脇洋之，也是日本咖啡師大賽冠軍、世界咖啡師大賽第7名，被譽為日本Espresso咖啡達人多年來關於義式濃縮咖啡所有的知識與經驗。分為三個部分：1.義式濃縮咖啡(Espresso)的基本技術：研磨咖啡豆/填壓/咖啡機的設定/抽出Espresso/咖啡機的清理/打蒸氣奶泡/咖啡豆混合與烘焙知識。2.基礎咖啡&花式咖啡：濃縮咖啡及拉花52種/詳細配方及步驟圖解。3.從無到有開店實錄CAFÉ ROSSO：修習蛋糕製作/義大利朝聖/創業企劃書/銀行的融資店舖設計…等。對於喜愛義式濃縮咖啡的同好，能有全面而深入的瞭解，開業經營咖啡館的朋友，更可從中得到目前最實用、也最專業的Espresso終極品質技巧。

出版：大境文化

作者：門脇洋之

尺寸：15 × 21㎝192 頁

定價：NT$340

經典調酒大全My standard cocktail

日本3位頂尖調酒達人的傾囊相授

以介紹標準雞尾酒為主更加入了原創雞尾酒，由3位調酒師(Bartender)來選酒，並將重點放在如何靈活而有技巧地發揮基酒的特性，及調製時的訣竅…等實際運用的層面上，同時加註3位調酒師各自的觀點與解說。

不同的調酒師，即使是調製同一種雞尾酒，也會調製出完全迴異的風味來。如果想要調製出吸引人的雞尾酒，除了必須對酒具有豐富的相關知識及熟練的技術之外，還須具備敏銳的五感：視覺、聽覺、嗅覺、味覺、觸覺，及成功地表現各種雞尾酒的能力。無論您是要更加精進自身調製雞尾酒的技巧，或是為了更充分享受品味雞尾酒的樂趣，我們都衷心地期待本書能夠成為您最佳的幫手。

出版：大境文化

作者：田中利明/永岡正光/內田行洋

尺寸：15 × 21㎝192 頁

定價：NT$340

沿 虛 線 剪 下

咖啡教科書

請您填妥以下回函，免貼郵票投郵寄回，除了讓我們更了解您的需求外，更可獲得大境文化＆出版菊文化一年一度會員獨享購書優惠！

1. 姓名：______

姓別：□男 □女 年齡：______ 教育程度：______ 職業：______

連絡地址：□□□ ______

傳真：______ 電子信箱：______

2. 您從何處購買此書？ ______縣市 ______書店/量販店

□書展 □郵購 □網路 □其他 ______

3. 您從何處得知本書的出版？

□書店 □報紙 □雜誌 □書訊 □廣播 □電視 □網路

□親朋好友 □其他 ______

4. 您購買本書的原因？（可複選）

□對主題有興趣 □生活上的需要 □工作上的需要 □出版社 □作者

□價格合理（如果不合理，您覺得合理價錢應 $ ______）

□除了食譜以外，還有許多豐富有用的資訊

□版面編排 □拍照風格 □其他 ______

5. 您經常購買哪類主題的食譜書？（可複選）

□中菜 □中式點心 □西點 □歐美料理（請舉例 ______）

□日本料理 □亞洲料理（請舉例 ______）

□飲料冰品 □醫療飲食（請舉例 ______）

□飲食文化 □烹飪問答集 □其他 ______

6. 什麼是您決定是否購買食譜書的主要原因？（可複選）

□主題 □價格 □作者 □設計編排 □其他 ______

7. 您最喜歡的食譜作者/老師？為什麼？

8. 您曾購買的食譜書有哪些？

9. 您希望我們未來出版何種主題的食譜書？

10. 您認為本書尚須改進之處？以及您對我們的建議？

大境文化信用卡訂書單

傳真專線：（02）2836-0028　　請放大影印後傳真

持卡人姓名：		生 日：　年　月　日
身份證字號：□□□□□□□□□□		性別：□男 □女
聯絡電話：（日）　（夜）　（手機）		
e-mail：		
訂　購　書　名	數量（本）	金額
訂書金額：NT$　＋郵資：NT$ 80（2本以上可免）＝NT$		
總訂購金額：（請用大寫）　仟　佰　拾　元整		
通訊地址：□□□		
寄書地址：□□□		
發卡銀行：		□VISA □Master
信用卡反面 後 3 碼：		□聯合卡 □JCB
信用卡號：□□□□-□□□□-□□□□-□□□□		
有效期限：　月　年		授權碼：（免填寫）
持卡人簽名：（與信用卡一致）		商店代號：（免填寫）
發票：□二聯式 □三聯式 發票抬頭： 統一編號：□□□□□□□□		

填單日期：　年　月　日

另有劃撥帳號可購書 / 19260956 大境文化事業有限公司

我們將盡速以掛號寄書，進度查詢專線：（02）2836-0069 趙小姐

沿 虛 線 剪 下

廣 告 回 信
台灣北區郵政管理局登記證
北 台 字 第 1 2 2 6 5 號
免 貼 郵 票

台北郵政 73-196 號信箱

大境（出版菊）文化　收

姓名：　　電話：

地址：